国家科学技术学术著作出版基金资助出版
电子与信息作战丛书

涡生振荡及其电磁优化控制

张　辉　范宝春　著

科学出版社

北　京

内 容 简 介

本书通过实验、数值计算和理论分析，从一自由度/二自由度的涡生振荡及其电磁控制和流动优化控制三个层次讨论以减振为主要目的的流动控制问题。全书共 7 章。第 1 章为绪论，第 2 章和第 3 章为一自由度的涡生振荡及其电磁控制，第 4 章和第 5 章为二自由度的涡生振荡及其电磁控制，第 6 章为振荡与绕流电磁控制的实验验证，第 7 章为圆柱绕流的电磁优化控制。

本书可作为力学、航海工程、兵器科学、航空航天、控制科学等专业科研人员的参考书，也可供高等院校相关专业研究生和本科生的学习。

图书在版编目（CIP）数据

涡生振荡及其电磁优化控制/张辉，范宝春著. —北京：科学出版社，2022.8

（电子与信息作战丛书）

ISBN 978-7-03-072975-0

Ⅰ. ①涡… Ⅱ. ①张… ②范… Ⅲ. ①电磁场-应用-透平振动-振动控制 Ⅳ. ①O327

中国版本图书馆 CIP 数据核字（2022）第 154671 号

责任编辑：魏英杰 / 责任校对：崔向琳
责任印制：赵 博 / 封面设计：陈 敬

科 学 出 版 社 出版

北京东黄城根北街 16 号
邮政编码：100717
http://www.sciencep.com

北京凌奇印刷有限责任公司印刷
科学出版社发行 各地新华书店经销

*

2022 年 8 月第 一 版 开本：720×1000 1/16
2025 年 1 月第三次印刷 印张：11 1/4
字数：226 000

定价：108.00 元
（如有印装质量问题，我社负责调换）

"电子与信息作战丛书"编委会

"电子与信息作战丛书"序

21世纪是信息科学技术发生深刻变革的时代,电子与信息技术的迅猛发展和广泛应用,推动了武器装备的发展和作战方式的演变,促进了军事理论的创新和编制体制的变革,引发了新的军事革命。电子与信息化作战最终将取代机械化作战,成为未来战争的基本形态。

火力、机动、信息是构成现代军队作战能力的核心要素,而信息能力已成为衡量作战能力高低的首要标志。信息能力,表现在信息的获取、处理、传输、利用和对抗等方面,通过信息优势的争夺和控制加以体现。信息优势,其实质是在获取敌方信息的同时阻止或迟滞敌方获取己方的情报,处于一种动态对抗的过程中,已成为争夺制空权、制海权、陆地控制权的前提,直接影响整个战争的进程和结局。信息优势的建立需要大量地运用具有电子与信息技术、新能源技术、新材料技术、航天航空技术、海洋技术等当代高新技术的新一代武器装备。

如何进一步推动我国电子与信息化作战的研究与发展?如何将电子与信息技术发展的新理论、新方法与新成果转化为新一代武器装备发展的新动力?如何抓住军事变革深刻发展变化的机遇,提升我国自主创新和可持续发展的能力?这些问题的解答都离不开我国国防科技工作者和工程技术人员的上下求索和艰辛付出。

"电子与信息作战丛书"是由设立于沈阳飞机设计研究所的隐身技术航空科技重点实验室与科学出版社在广泛征求专家意见的基础上,经过长期考察、反复论证之后组织出版的。这套丛书旨在传播和推广未来电子与信息作战技术重点发展领域,介绍国内外优秀的科研成果、学术著作,涉及信息感知与处理、先进探测技术、电子战与频谱战、目标特征减缩、雷达散射截面积测试与评估等多个方面。丛书力争起点高、内容新、导向性强,具有一定的原创性。

希望这套丛书的出版,能为我国国防科学技术的发展、创新和突破带来一些启迪和帮助。同时,欢迎广大读者提出好的建议,以促进和完善丛书的出版工作。

中国工程院院士

前　言

　　黏性流体绕过钝体时，其表面形成的边界层会出现流动分离，在一定条件下出现周期脱落的涡和周期变化的升阻力，进而产生涡生振荡(vortex induced vibration，VIV)。这种现象广泛存在于航空、航海、建筑等领域，导致减速、振动和噪声，降低推进效率和操控性能，严重的还可能导致失稳，甚至结构性破坏。因此，对涡生振荡控制的研究具有广泛的应用价值。

　　由于升阻力和振动的作用来源于边界层，因此研究人员对此进行了大量的研究，希望通过改变流体边界层的结构、控制绕流的形态，实现减震的效果。近年来，随着科学技术的发展(如数值方法、控制理论、材料科学、微机电系统技术等)和工程应用的需求，流动控制已经成为当前流体力学的前沿和热点问题。它不仅具有极强的应用价值，还具有重要的科学意义。

　　本书共 7 章。第 1 章为绪论。第 2 章为剪切来流下的涡生振荡，将坐标建立在运动圆柱上，推导指数极坐标下的剪切来流涡生振荡的涡量流函数方程、初始和边界条件，以及圆柱表面的水动力分布方程，讨论尾涡、振荡和剪切来流对圆柱涡生振荡系统的影响。第 3 章为剪切来流涡生振荡的电磁控制，推导第 2 章的振动系统在电磁力控制后的基本方程，并将电磁力的作用效果进行分解和剖析，讨论电磁力控制一自由度涡生振荡的减振和减阻机制。第 4 章和第 5 章为两自由度(同时沿法向和流向)涡生振荡的机理及其电磁力控制。第 6 章为振荡与绕流电磁控制的实验验证，对第 2~5 章的典型算例，包括均匀来流、剪切来流、一自由度和两自由度的涡生振荡进行实验研究和验证。第 7 章为圆柱绕流的电磁优化控制，将协态优化控制方法拓展至电磁流动控制，推导相关的性能指标、协态流场的守恒方程、初始边界条件和控制感度方程，进而通过优化时段内的反向积分迭代方法，完成优化控制的数值研究。

　　本书第 1~3 章、第 6 章和第 7 章由张辉和范宝春共同撰写，第 4 章和第 5 章由张辉撰写。感谢刘梦珂硕士所做的研究工作，同时感谢江代文博士和冯雅婷硕士对本书所做的校对工作。

　　限于作者水平，书中难免存在不妥之处，恳请读者指正。

作　者

目　　录

第1章 绪　　论

1.1　背景和意义

　　飞行器、军舰、潜艇、水中兵器等在运动时，黏性流体在其表面形成的边界层会使武器减速，产生噪声、振动、失稳，甚至造成武器的变形和损坏。这些现象通常可以通过流体边界层的控制加以抑制。自 1904 年 Prantdl 提出流体边界层概念以来，流体边界层的控制理论与技术一直是兵器学科研究最为活跃的领域之一。这主要是因为流体边界层本身在兵器科学中的重要性，以及边界层控制带来的巨大潜在军事价值。通过边界层的控制不但可以实现减阻，而且可以达到抑振、降噪和隐身的目的，因此吸引了各国研究人员。由于流体的黏性，飞行器运动时不可避免地会在阻力作用下减速、振动和产生噪声，使推进效率降低、飞行失稳。高效减阻可以提高推进效率和飞行的稳定性，减少燃料损耗。这对改进诸如飞机、导弹、普通弹箭等飞行体的性能，提高武器的质量是非常有价值的。因此，减阻增升减振技术是一切飞行装置的关键技术，可以说，凡是涉及黏性流体运动的领域，都存在减阻增升减振问题。美国已将其列为 21 世纪需要关注的关键技术，流动控制也因此成为兵器学科的研究热点。

　　近年来，随着计算流体力学和实验流体力学的飞跃发展，人们可以更深入地研究流场的精细结构，阐述流场变化的动力学机理。这些发展为流动控制在科学层面的展开，以及反馈式主动控制的研究提供了实质性的帮助，从而使主动控制，特别是微机电系统(micro electro mechanical system, MEMS)流动控制，成为当前流动控制的热点和前沿。

1.2　国内外的研究概况

　　圆柱体作为结构简单的钝体，其绕流的流线形状和尾流特点具有同其他钝体绕流一样的复杂性和共同特征。流动的分离脱体如图 1.1 所示。因此，人们对圆柱绕流问题的研究十分热衷。这方面的研究课题一直是现代科学研究的热点。圆柱绕流的特性与流场的 Re 有关。一般来讲，当 $Re \approx 20$ 时，流体在圆柱表面的后驻点附近脱体，在尾部形成对称的反向旋涡。随着 Re 增大，脱体点前移，旋涡变大。当 $Re \approx 48$ 时，脱体旋涡不再对称，以周期交替的方式离开圆柱，在尾部形成结构有序的卡门涡街。当 $Re \approx 200$ 时，三维不稳定性得以显现，尾流区出现摆动和不稳定。随着 Re 的进一步增大，逐渐形成湍流。圆柱绕流问题中的流体边界层的分离与脱落、流体剪切层的流动和变化、尾流区域的分布和变动，以及它们之间的相互作用等因素，使其成为一项复杂和难度大的研究课题。

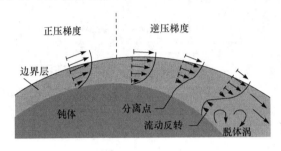

图 1.1　流动的分离脱体

1.2.1　圆柱绕流及其控制方法的研究状况

钝体绕流的脱体现象与边界层内流体动量的缺失有关，如果通过某种方法，给边界层内的流体增加动量，便可以抑制绕流、减阻减振。圆柱绕流是一种典型的边界层分离问题。通过抑制卡门涡街来控制圆柱绕流尾迹引发了许多研究。通过改变或控制流场的状态，包括力学状态(如运动速度)和热力学状态(如温度)，可以实现某种设定的目的(如减阻)，人们称此为流动控制。早在 1904 年，Prandtle[1] 就进行了著名的圆柱绕流的控制实验。圆柱绕流控制如图 1.2 所示。该实验在圆筒表面开一道狭缝，利用该狭缝吸进流体，抑制流体在圆柱表面的分离。

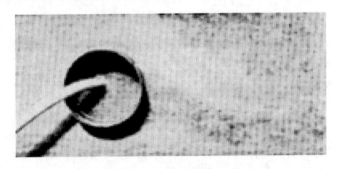

图 1.2　圆柱绕流控制

目前文献提及的流体控制方法主要有两种，即被动控制方法和主动控制方法。被动控制方法，如加置带狭缝的板[2-7]、在尾流中添加二次圆柱[8]等，不需要向流场提供能量。近年来，人们更加侧重于向流场提供能量，并根据流场信息调整供应力度的主动控制方法的研究,包括振荡圆柱法、声波干扰、表面狭缝吹吸、热效应、流体滚珠轴承效应等[9-18]。

数值模拟与实验都表明[19-22],在圆柱尾部插入一个直径比原有圆柱小一个数量级以上的细圆柱,可使主圆柱卡门涡街消失。同样,将一个尺寸与圆柱体直径相当的分隔平板插入尾流的绝对不稳定区域也会使卡门涡街消失[23]。另外,在绕流体的头部进行局部加热,可以获得明显的减阻效果[24]。黄为民等[25]对前驻点加热圆柱绕流场进行了可视化实验研究。汪箭等[26]采用正交曲线贴体坐标系对热圆柱绕流问题进行了数值模拟。用加热尾迹的方法控制圆柱绕流时,随着温度逐渐升高,表面温度高出水温后,流动会发生变化。前驻点流线摆动振幅、频率明显减少,前驻点位置向柱体表面靠近,甚至落在柱体表面,并发生间歇性猝发反向流,分离点位置后移至湍流分离点位置。前驻点的间歇性猝发反向流动无疑会改变流动结构,发生反向流时前驻点位于物面,但随后移向前方,驻点在中心流线作前后振荡。前驻点的前后振荡会改变前驻点处左右摇摆的频率和振幅,使流动稳定性大为提高。分离频率降低,绕流体的形阻也应相应地下降。前驻点加热增加沿物面流动流体的能量会使流体抗分离的总能增加,因此分离点推迟到湍流分离点位置。若加热量不足以产生或加强前驻点附近的回流区域,则不会产生上述现象。

在圆柱绕流中,圆柱旋转振荡[27-30]也可以有效地控制涡的脱落。在圆柱旋转振荡时,振荡频率将同涡的自然脱落频率一起对流场的演化规律产生影响。在不同的振荡频率下,这两种频率的耦合关系有很大的区别,导致流场的发展规律也有相应的不同。其旋涡形成、发展和脱落的规律比静止圆柱绕流复杂得多,一些物理机制尚未完全认识清楚,所以目前关于旋转振荡圆柱流场特性的数值和实验研究工作进行得还比较少,有必要进一步进行理论研究和数值模拟。流向、横向振荡[31,32]圆柱绕流问题与旋转振荡圆柱绕流相似,也需要进一步研究。

1.2.2 电磁力控制流动的研究状况

按一定方式排列的磁条和电极形成的电磁激励板,在电解质溶液或局部电离的气体中通电后,可以形成作用于流体的洛仑兹力场。当洛仑兹力的方向与流动方向平行时,便可增加流体动量,从而有效地控制脱体绕流。

流体边界层控制的方法大致可分为被动式控制方法与主动式控制方法两种。被动式流动控制无需向流场传输能量,而主动式流动控制则需要向流场传输能量。由于电磁场能够在导电流体中产生电磁力,这种电磁力作用于流体边界层可以改变其结构,实现对流场的控制。对导电流体边界层施加电磁力控制流场是一种主动式流动控制方法。

电磁力是一种场力。一定时空分布结构的电磁力作用于流场,通过直接耦合作用的方式向流体边界层和流场输入动量和能量,能够改变流体边界层,乃至全流场的结构。在电磁力作用于流体边界层的同时,运动状态发生变化的导电流体在电磁场中因电磁感应现象会产生感生电磁场,从而影响原来流场与电磁场的结构与分布,属于典型的多场耦合与非线性动力学问题。

尽管近年来不少研究人员结合层流边界层与湍流边界层的特点,采用闭环控制、非线性优化控制等控制方法,讨论电磁力对流体边界层的优化控制问题,但研究结果仅限于所取模型的范畴,并不具有一般性。尤其是,对于湍流边界层的研究,问题提法更是基于人们对湍流边界层结构的不同认识,研究结果有很大的差异。不管流体边界层的模型如何,还是可以针对流向电磁力、展向电磁力和法向电磁力的分布特点,采用粒子图像测速(particle image velocimetry, PIV)等先进流场诊断与测试技术都获得流场中速度分布的变化特点,进而讨论不同尺度电磁力对流体边界层控制的特点。

电磁力控制流体边界层的相关概念最初于 1961 年由英国学者 Gailitis 提出。Gailitis 和 Lielausis 设计了一种由条状电极和磁极交错布置的电磁场激活板,将其浸入流动的弱电解质溶液中,产生的电磁力可以改变边界层的结构[33],说明流体边界层上的电磁力对流场具有控制作用。平板上交错分布的电磁场产生的电磁力如图 1.3 所示。

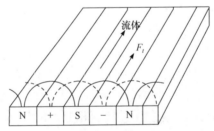

图 1.3　平板上交错分布的电磁场产生的电磁力

电磁流体控制的原理是,流场中的带电粒子在磁场中运动,产生多尺度电磁力,改变带电粒子的运动速度,实现对流场的动量、能量和涡量的控制。

由于常规铁磁永磁材料的强度较小(一般强度为百分之几特斯拉),因此在随后的几十年中关于电磁力对弱导电流场的控制研究进展缓慢。毫无疑问,用电磁力控制流体边界层或流场结构,其力密度与控制效果紧密相关。根据控制过程的斯特劳哈尔数(电磁力与流体惯性力之比)$st = \dfrac{JBa}{\rho \mu^2 / 2}$,其中 J 为电流密度,B 为磁场的磁感应强度,a 为特征尺度,μ 为流体的动力黏度系数,ρ 为流体密度。对于常规的流场条件,B 的数量级应达到 1 特斯拉以上,才能满足条件,即电磁力与流体惯性力可以比较。正是由于 20 世纪 80 年代中后期以来，稀土永磁材料技术获得突破，人们通过磁极配型的组合，可以十分便利地研制出强度达到几个特斯拉的永磁体(如钕-铁-硼磁性材料)，给相关研究工作带来了活力。与此同时，尤其是 20 世纪末、21 世纪初以来，人们对非线性科学的研究也取得了丰硕的研究成果，随着对湍流机理研究的进一步深入(如流体混合层、近壁剪切湍流的拟序结构、湍流标度率的认识等)，电磁力对弱导电流体的控制已经成为近年来流体力学和电磁流体力学(electromagnetic hydrodynamics，EMHD)领域的研究热点。

　　由于电磁力具有场力的结构传输特征，在不需要向流场传输质量的情况下，可以十分方便地向流场传输动量与能量，从而有效地改变和构造流体边界层与流场的结构。

　　Henoch 等对平板电磁场激活板在盐水边界层中的流向电磁力进行了实验研究，并对盐水边界层中的湍流应力等进行了实验研究[34]。Crawford 等对槽道中流向电磁力对湍流的影响进行了数值研究分析，发现电磁力对盐水流体边界层的湍流能产生有效的控制作用[35]。图 1.4 所示为平板电磁场激活板上的电磁场分布示意图。图 1.5 所示为平板电磁场激活板上的电磁力分布示意图。电磁力的分布沿展向周期变化，沿法向逐渐衰减，虚线部分电磁力接近于零。

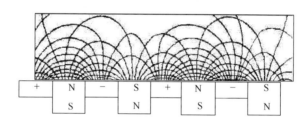

图 1.4　平板电磁场激活板上的电磁场分布示意图

图 1.5　平板电磁场激活板上的电磁力分布示意图

1.2.3　钝体绕流电磁力控制的研究状况

　　Weier 等将电磁场激活板包覆在圆柱两侧，圆柱表面产生电磁力(图 1.6)。电磁场在电解质流场中产生的电磁力沿圆柱体侧表面分布[36]。电磁力可以有效地改变电解质流体边界层的结构，具有明显的消涡控制作用[37]。他们对由此形成的圆柱绕流进行了系列实验研究和数值模拟分析。研究结果表明，电磁力可以对流体边界层产生有效的加速作用，电磁力能够有效地控制流体边界层的分离。他们认为，电磁力具有消涡减阻控制作用，对湍流的控制作用更加明显。

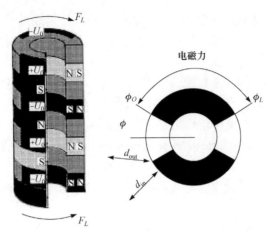

图 1.6　圆柱表面产生电磁力

Kim 等[38,39]讨论分析了电磁场激活板对海水流场中圆柱阻力和升力变化的影响。研究结果表明，电磁力可以控制流体分离点的移动，减少流场对圆柱体的阻力作用。他们提出有效包覆范围的概念，将电磁力的包覆范围选择在自前驻点起70°~130°的范围内。采用激光带照射随流体表面运动的示踪聚合粒子，可以清楚地显示电磁消涡与增涡的流场形态。通过应力测试实验，他们研究了流体边界层的电磁力减阻与减振作用效果，测试分析了持续与振荡电磁力的减振作用。持续正向电磁力对圆柱升力的影响如图 1.7 所示。

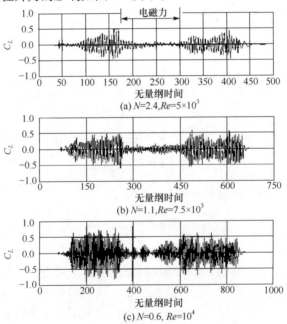

图 1.7　持续正向电磁力对圆柱升力的影响

人们在大量理论与试验研究的基础上，充分认识到电磁力在控制流体流动和改变流场结构方面有突出的作用。近几年来，研究人员在对采用电磁力控制流体边界层分离、提高控制的稳定性和效率，以及流体边界层速度分布、动量变化特点等研究工作的基础上，已将目光汇聚到电磁力对湍流结构的控制研究方面[40]。

Weier 等[41]通过研究盐水溶液中沿流向分布的电磁力对平板和水翼绕流流场的控制作用，发现一定强度的电磁力对近壁流体有很强的加速作用，证实了电磁力能够有效地控制有一定倾角的平板与翼型绕流的流动分离(Re 为 10^4 数量级)，提高翼型失速的最大攻角。通过实验与数值模拟，Chen 等研究流向电磁力(正、反向)作用下的翼型绕流、圆柱绕流的变化特点，分析阻力与升力，以及流体边界层表面速度与涡量[42]的分布特点。

Berger 等[43]采用一定时间与空间展向分布(正弦振荡)的电磁力作用于湍流边界层，寻找有效减小摩擦阻力的途径，发现电磁力能够有效影响近壁流向涡的结构，通过直接数值模拟发现摩擦阻力可以降低 40%。Pang 等[44]以减阻研究为目的，在展向施加振荡变化的电磁力控制湍流边界层，实验发现阻力降低 30%~40%，与数值模拟结果相吻合；引入等价壁面展向速度等重要的参数用于描述相关的控制过程，研究电磁力作用下湍流条带的结构变化。Du 等[45]和 Camley 等[46]通过数值模拟和 PIV 实验研究，将不同频率的展向电磁力作用于近壁湍流边界层，研究一定时间间隔的电磁力与近壁湍流大尺度拟序结构之间的作用特点，取得了相关的定量研究结果和优化控制参数，证明电磁力对湍流剪切层的流体压力脉动有十分明显的控制作用。蒋小勤等[47]研究分析了导电流体边界层中电磁力对湍流边界层的作用变化特点，通过 2 阶关联量分析得到有关控制参数；在一定的条件下，湍流边界层条带间距发生明显的改变。

O'Sullivan 等[48]通过数值模拟分析(低 Re 条件)基于比例反馈控制模式下，电磁力对槽道湍流大尺度拟序结构的作用效果，分析边界层中雷诺应力的变化情况，结果显示摩擦阻力可以降低 18%左右。Shatrov 等[49]研究了电磁力作用下的球体绕流问题，发现有十分明显的减阻效果，同时通过数值分析研究(Re=1000)球体表面压力和涡量的分布情况，定义减阻比 μ_{C_d}，实验发现在 Re 增大到 1000 的过程中，减阻比 μ_{C_d} 不断减小。

Rossi 等[40]系统分析了电磁力对湍流和流场控制问题中的电磁参数和流场控制动力学特性及其与实验相关的电磁力的三维分布特点。他们认为电磁力可以直接改变壁面附近流体边界层的速度与涡量,采用半球形状扰动体在流体边界层上可以产生类似的发卡涡结构,同时研究电磁力对相应流体边界层结构的作用效果，并采用 PIV 测量系统研究边界层内动量的变化情况。Park 等[50]和 Breuer 等[51]研究了电磁力对充分发展的槽道湍流的控制作用，认为电磁力在流体边界层中的渗透深度为 1mm 左右，所诱导的边界层速度达到 4cm/s，并且与电磁力的大小和频率有线性关系；采用抗氧化贵金属电极和高分子涂层电极延长电极的使用寿命；采用 PIV 测试技术，研究分析流体边界层的速度变化特点。

Dattarajan 等[52]研究了流体边界层中沿展向与流向电磁力的分布特点，讨论了带倾斜尾板的水翼、圆柱钝体和翼型绕流的电磁力分离控制过程及其尾流特征。Luo、Miyoshi、Andreev、Dousset 等通过直接数值模拟和试验研究展向周期变化的电磁力、流向不均匀分布的电磁力对槽道湍流、管流与圆柱绕流的结构控制，证实了按照一定时间与空间分布的电磁力对湍流的演化过程有一定的作用[53-56]。

1.2.4　剪切来流条件下圆柱绕流及其电磁控制的研究状况

均匀来流条件下的绕流是一种理想情况。在实际情况中，更多的是非均匀流动。因此，对非均匀来流情况下的研究具有实际意义，剪切来流下的黏性流体在钝体表面形成的边界层，钝体两侧的流速不同会产生升力，导致飞机、舰船、导弹、普通弹箭的失速、失稳、变向等。这些可以通过电磁力有效地控制电解质溶液的流动来解决。国际上的专家对剪切来流条件下的圆柱绕流进行了深入研究，得到很多实验和计算结果。

Kiya 等[57]和 Kwon 等[58]发现在剪切度较大时，涡脱体的频率随着剪切度的增大而增大。Lei 等[59]的研究结果恰恰相反，涡脱体的频率随着剪切度的增大稍有减小。Kiya 等[57]的实验结果表明，在 $43 \leqslant Re \leqslant 220$ 范围内，当剪切度足够大时，涡的脱落现象消失。Lei 等[59]在同样的实验条件下，涡的脱落现象仍然存在。Kang[60]对剪切来流条件下的圆柱绕流进行了数值计算，其中来流产生的背景涡为负涡，因此尾流中正涡的强度减弱，形状拉长；尾流中负涡的强度增强，形状变圆。

在以往的研究中，对于剪切来流条件下圆柱绕流的平均升力的方向也是争论的焦点。Jordan 等[61]、Hayashi 等[62]、Lei[59]和 Sumner 等[63]认为平均升力的方向从流速较快的一侧指向流速较慢的一侧。Tamura 等[64]和 Yoshino 等[65]认为应该往相反的方向。另外，Wu 等[66]认为升力的方向与剪切度有关。

1.2.5　涡生振荡及其电磁控制的研究状况

以上是对固定圆柱的研究，如果在与来流垂直的方向上取消对圆柱的固定，那么圆柱会在周期性脱落的涡的作用下产生振荡，即涡生振荡。涡生振荡具有破坏性效果，为了避免或者利用这种效果，涡生振荡及其控制引起很多研究人员的关注。

涡生振荡的实验研究表明[67-71]，当涡脱落的频率与圆柱的固有频率相当时，会产生自锁现象,此时圆柱的振幅与升力和圆柱运动的相位差有关。实验研究[72-74]更多地是关注非自锁条件下的规律,发现涡生振荡是否会产生自锁取决于圆柱和流体的质量比。另外,Vandiver 通过实验测试了导致海底电缆摆动的重要因素。Griffin[75]的实验结果说明了圆柱垂直流向的振幅与阻尼的关系。Brika 等[76]对柔性圆柱的涡生振荡进行了实验研究,得到的振幅比早期的研究结果稍有滞后。Techet 等[77]在雷诺数为 3800 的条件下,测量了圆柱在谐振动和自由振动时圆柱的受力。结果表明,在相同的结构阻尼下,圆柱自由振荡的振幅响应曲线和 Williamson 等[78]得到的结果是一致的。此外,PIV 技术在流场中的广泛应用可以揭示流场中涡的摆动情况。

在计算方面,很多计算方法也被用在涡生振荡的研究中,主要分为两大类。一类是直接求解 Navier-Stokes 方程的,如直接数值模拟[79,80]、有限元法[81-83]等;另一类是在二维层流条件下,通过求解涡量输运方程得到流场,如涡元法[84]等,通过计算,讨论自锁现象,并对圆柱振荡进一步研究,如圆柱的升阻力、涡脱落的频率、圆柱运动对尾流涡结构的影响等[85]。Dutsch 等[86]利用数值计算研究层流条件下圆柱的涡生振荡,并比较不同网格和时间步情况下的阻力。Blackburn 等[87]通过解二维 Navier-Stokes 方程,研究 $Re = 250$ 时的圆柱涡生振荡问题。Newman 等[88-90]利用直接数值模拟方法,在贴体坐标下研究 $Re = 100$ 和 $Re = 200$ 时,电缆自由振荡。考虑三种情况,即电缆是固定的且是直的、电缆的运动是特定的、电缆与流体自由作用,得到的数值计算结果与实验是一致的。Zhou 等[91]对二维流体绕过圆柱的现象,用涡元(vortex-in-cell,VIC)法研究圆柱在升力作用下的响应,以及绕流中涡的结构对圆柱运动的影响。

1.2.6 流动优化控制的研究状况

流动控制的主要目的之一是减少能耗。如果外界提供的用于流动控制的能量大于控制节省的能量,则失去应用价值。因此,在实施流体控制时,需寻求最佳的控制量,以便用尽可能小的控制力度,得到最好的控制效果。此外,MEMS 技术已在流动控制中受到越来越多的关注,其微尺度驱动器的控制力度很小,因此更需搞清何时、何处,以多大的力度动作才能取得预期的效果。这些都是流动优化控制理论讨论的问题。

能量的输入量可以是定值,称为开环控制,也可以随着被控流场的变化而实时变化,称为闭环控制,又称为主动反馈控制。主动反馈控制分显式和隐式两类。显式直接给出控制输入量和测试信号之间的关系。隐式则需要根据某种要求,求出控制量和测试信号之间的关系。

流动优化控制是一门新型的交叉学科,涉及流体力学和控制理论。人们从两个方面研究和发展流动优化控制理论,即一方面将流体力学方程尽量简化为控制理论中的标准方程，以便在讨论流动控制时，直接利用现有的控制理论；另一方面发展控制理论，使之适合流体力学中的各种问题。

所谓流动的优化控制，指对于某确定流场，寻求最优化的控制函数，使流场达到并保持人们期望的状态，从而使相应的性能指标取极值。流动控制的主要目的之一是节省能量。因此，对于相同的控制结果，希望在控制过程中输入的能量最小，即输入最优化的能量值。流动优化控制可以表述为性能指标在 Navier-Stokes 方程限制下的条件极值问题。该问题具有强烈的非线性，很难直接利用现有的控制理论来讨论。在现代控制理论中，线性优化控制理论是比较完备和成熟的，人们一方面简化流体力学方程，使之具有线性优化控制理论中的标准形式，以便直接利用现成的控制理论，如将 Navier-Stokes 方程简化为二次型调节器要求的标准状态方程组[92]；另一方面，发展优化控制理论，使其进一步适应非线性的流体力学方程。Gunzburger[93]和 Abergel 等[94]利用 Lagrangian 乘子方法，引进协态流场和控制感度，将极值问题转化为求解协态流场和控制感度的问题。基于同样思路，Bewley 等[95]还发展了一种流体优化控制理论，利用由协态方程确定的协态流场，使性能指标与控制函数发生直接联系。由于控制问题是多种多样的，不同的流场、不同的控制手段和不同的控制目标有不同形式的协态方程。

1.3　本书研究的意义

综上所述，国内对此的研究处于起步阶段[96-113]。国外的专家对涡生振荡进行了大量的实验和计算研究，很多专家的目标集中于振荡中的自锁现象，而对黏性导致的附加质量等问题尚未解决。至于涡生振荡的电磁控制，目前已有的结果极少，涡生振荡的电磁力控制机理尚不明确。对于电磁力控制的优化方法也有待进一步地发展和推广。

(1) 涡生振荡中的附加质量是一个最为熟知，最不被理解和最令人困惑的流体动力学问题。人们仅导出非黏流体的惯性附加质量，而黏性对附加质量的贡献，却一直找不到合适的数学推导方法和表达方程。另外，对于将振荡圆柱的受力分解为惯性力和涡生力，有专家认为这种分类可能会丢失一些力。本书将坐标系建立在运动的圆柱上，在指数极坐标系中，推导剪切来流圆柱绕流的涡量-流函数守恒方程及其初始和边界条件，作用于圆柱表面的水动力表达式，圆柱振荡方程。其中，水动力由涡生力、惯性力和黏性阻尼力三项组成，圆柱虚拟质量由圆柱质量、惯性附加质量和黏性附加质量三项组成。经严格数学推导，当前最为完整的封闭方程为涡生振荡的数值讨论提供了基础。

(2) 国际上以往的很多研究结果笼统地认为，电磁力作用于流体质点，可增加其动量和抗逆压梯度的能力，从而抑制流动分离，减少阻力。该结论并不准确。事实上，单就改造流场而言，电磁力是增阻的。本书将电磁力的作用效果分为流场电磁力和壁面电磁力。流场电磁力通过改变流场，从而改变圆柱的受力，这一部分的作用效果可以抑制涡的周期脱体，使阻力增大，升力的振幅减小，从而消除圆柱振荡；另一部分是电磁力的直接作用来改变圆柱的受力，对流场没有影响，仅通过增加圆柱尾部的推力减阻，对减振没有效果。由此更加准确地阐明了电磁力的控制机理。

(3) 流动控制问题是多种多样的，不同的流场、控制手段和控制目标有不同形式的协态流场。对于绝大多数的流动控制问题，仍无法确定其协态流场，给出准确描述该流场的数学方程，这给该理论的推广和应用带来很多麻烦。本书基于非线性优化控制理论，推导圆柱绕流的优化控制律，将 Navier-Stokes 方程限制下的条件极值问题转化为求解协态流场和控制感度方程的问题，利用往返优化的思路求解流动方程和协态方程，从而得到流场的非线性优化控制的解。

1.4　本书的主要工作

电磁力控制涡生振荡涉及的现象比较复杂，其中的很多机理和规律尚不明确。本书对其涉及的现象进行了实验和数值研究。实验在转动水槽中进行，通过吊杆将装有电磁激活板的圆柱插在槽内液体中。吊杆上的应变片用于测试圆柱的受力，注入适当的染料来显示流场。数值模拟时，流场的基本方程为指数极坐标中考虑场力的 Navier-Stokes 方程，计算采用交替方向隐式法(alternating direction implicit method, ADI)格式和快速傅里叶变换(fast Fourier transformation, FFT)格式，圆柱的运动方程利用 Runge-Kutta 法求解。最后，对电磁控制进行时间和空间的优化，提高控制效率。本书的主要研究内容如下。

(1) 对涡生振荡进行数值研究和实验研究。将坐标建立在运动圆柱上，推导指数极坐标下的剪切来流涡生振荡的涡量流函数方程、初始和边界条件及圆柱表面的水动力分布方程，其中水动力包含惯性力、涡生力和黏性阻尼力。推导圆柱运动方程，其中虚拟质量包括圆柱本身的质量、惯性附加质量和黏性附加质量，通过适当的数值方法，对剪切来流中的涡生振荡问题进行计算。讨论圆柱从固定到稳定振荡全过程的流场和圆柱受力的变化，揭示剪切来流涡生振荡的特有变化特性，以及能量传递和流固耦合过程。

(2) 涡生振荡电磁控制的数值研究和实验研究。将电磁力作用效果分为两部分，一部分通过改变流场改变圆柱的受力(流场电磁力)；另一部分通过电磁力的直接作用改变圆柱的受力(壁面电磁力)。通过两部分力对消涡、减阻、增升和减振上的作用效果揭示电磁力控制流动的机理。数学推导证明，低雷诺数的二维黏性不可压缩流动，无论固体边界的形状如何，流场中是否存在控制流动的场力，Okubo-Weiss 函数在全流场的积分为零，并以电磁控制的数值计算结果作为验证。

(3) 基于协态优化控制理论，以电磁力强度作为控制量，以诸多流场参数的加权组合为测量量，构造电磁优化控制的性能指标，推导协态流场的守恒方程、初始边界条件和控制感度方程，进而通过优化时段内的反向积分迭代方法，完成圆柱绕流电磁控制的时间优化。另外，本书还对电磁激活板的包覆位置进行空间优化，利用场电磁力和壁面电磁力的分布特点，求得最佳减阻效果的空间包覆位置。

第 2 章　剪切来流下的涡生振荡

　　黏性流体在钝体表面形成的边界层可使该运动体阻力增大、振动、失稳、产生噪声，有时还会造成运动体的变形和损坏，这往往不是人们期望的。对于剪切来流，钝体两侧的流速不同，还会在某特定方向产生横向力，导致飞机、舰船、导弹或普通弹箭的失速和变向等。因此，研究剪切来流中钝体的绕流导致的钝体振荡规律将有助于深入了解此类流动的内在机理，方便寻求提高物体运动速度和增加运动稳定性的技术途径。显然，该研究对于改进飞机、舰船、导弹或普通弹箭的性能是非常有价值的。

　　圆柱是结构最简单的一种钝体，其振荡和绕流特性可以反映钝体绕流最基本的特征，因此振荡圆柱绕流问题一直是现代科学研究的热点。国际上，很多专家从事振荡圆柱及其绕流特性的实验和数值研究，但这是一个复杂的流固非线性耦合问题，迄今仍未解决。

　　例如，加速运动的圆柱，如何描述其附加质量是一个直接影响圆柱运动特性但一直存在争议的问题。正如 Fey 等[114]所述，附加质量是一个最为熟知、最不被理解和最令人困惑的流体动力学问题。人们仅导出非黏流体的惯性附加质量，而黏性对附加质量的贡献，却一直找不到合适的数学推导方法和表达方程。

　　此外，Lighthill[110]将振荡圆柱受到的力分为惯性力和涡生力。这一观点长期被人广泛采用[85]，但也有专家提出异议，认为这种分类不见得可靠，会丢失一些力[111]。

　　显然，对于运动圆柱而言，其虚拟质量，以及作用于圆柱的力的准确表达仍是待研究的问题。

　　圆柱的涡生振荡是一个流固耦合问题。剪切层和脱体涡产生振荡的升力和阻力，振荡力又使圆柱振荡，圆柱的振荡又导致绕流的变化，变化的绕流又产生变化的振荡力，进而影响圆柱振荡，直至最后形成自限的稳定涡生振荡状态。要描述这一复杂过程，首先需要建立更为完善的流体守恒方程和圆柱运动方程，然后要对瞬间流场特性及产生该特性的机理进行分析，讨论该流场形成的圆柱表面的瞬间受力分布，以及分布与流场的关系，最后讨论这种瞬间力的分布对圆柱瞬间运动、附加质量、圆柱位移与力的位差，以及流固间的能量传递等诸多问题的影响。

　　本章将坐标建立在运动圆柱上，推导指数极坐标下的剪切来流涡生振荡的涡量流函数方程、初始和边界条件，以及圆柱表面的水动力分布方程，其中水动力包含惯性力、涡生力、黏性阻尼力；推导圆柱运动方程，其中虚拟质量包括圆柱本身的质量、惯性附加质量和黏性附加质量。通过适当的数值方法，对剪切来流中的涡生振荡问题进行计算。根据计算结果讨论圆柱从固定到稳定振荡全过程的流固耦合过程和机理，以及能量传递问题。

2.1 流动守恒方程

置于流体中的圆柱，当 Re 大于某值时，涡在圆柱表面周期性脱落，导致其表面水动力周期变化。如果圆柱被固定在柔性支架上，在周期变化的力的作用下，圆柱将周期性地振动，称为涡生振荡。振荡的圆柱会影响圆柱周围流体的流动，改变圆柱表面的水动力，从而改变圆柱的运动，如此反复。因此，这是一个标准的流固耦合问题。

为了讨论该问题，本书将坐标系建立在振动圆柱上。对于不可压缩的二维流动，在指数极坐标 (ξ, η) 下 $(r = \mathrm{e}^{2\pi\xi}, \theta = 2\pi\eta)$，无量纲形式涡量流函数方程为

$$H\frac{\partial \Omega}{\partial t} + \frac{\partial (U_r \Omega)}{\partial \xi} + \frac{\partial (U_\theta \Omega)}{\partial \eta} = \frac{2}{Re}\left(\frac{\partial^2 \Omega}{\partial \xi^2} + \frac{\partial^2 \Omega}{\partial \eta^2}\right) \tag{2.1}$$

$$\frac{\partial^2 \psi}{\partial \xi^2} + \frac{\partial^2 \psi}{\partial \eta^2} = -H\Omega \tag{2.2}$$

其中，流函数 ψ 定义为 $\frac{\partial \psi}{\partial \eta} = U_r = H^{\frac{1}{2}}u_r$ 和 $-\frac{\partial \psi}{\partial \xi} = U_\theta = H^{\frac{1}{2}}u_\theta$；涡量 $\Omega = \frac{1}{H}\left(\frac{\partial U_\theta}{\partial \xi} - \frac{\partial U_r}{\partial \eta}\right)$，$u_r$ 和 u_θ 为沿 r 和 θ 方向的速度分量；$H = 4\pi^2 \mathrm{e}^{4\pi\xi}$；$Re = \frac{2u_\infty^* a^*}{v^*}$，$u_\infty^*$ 为沿中线 $\theta = 0$ 的来流速度，v^* 为运动黏度，a^* 为圆柱半径，上标"*"表示有量纲量；无量纲时间 $t = \frac{t^* u_\infty^*}{a^*}$；无量纲距离 $r = \frac{r^*}{a^*}$，r^* 为有量纲距离；无量纲角度 $\theta = \theta^*/°$。

2.2 圆柱表面水动力

2.2.1 剪应力与压力

圆柱受到的流体的力称为表面水动力，记作 $F^{\theta*}$。该力由剪应力和压力两部分组成，即

$$\mathcal{C}_F^\theta = \frac{F^{\theta*}}{\frac{1}{2}\rho^* u_\infty^{*2}} = \sqrt{\left(\mathcal{C}_\tau^\theta\right)^2 + \left(\mathcal{C}_p^\theta\right)^2} \tag{2.3}$$

其中，$\mathcal{C}_\tau^\theta$ 和 $\mathcal{C}_p^\theta$ 为剪应力和压力；$\mathcal{C}_F^\theta$ 为水动力系数。

剪应力定义为

$$\mathcal{C}_\tau^\theta = \frac{\tau_{r\theta}^*}{\frac{1}{2}\rho^* u_\infty^{*2}} = -\frac{4}{ReH}\frac{\partial^2 \psi'}{\partial \xi'^2} \tag{2.4}$$

其中，无上标量表示运动坐标下的物理量；有上标量表示静止坐标系下物理量（下同）。

由于 $\dfrac{\partial^2 \psi'}{\partial \xi'^2} + \dfrac{\partial^2 \psi'}{\partial \eta'^2} = -H\Omega'$，因此

$$\mathcal{C}_\tau^\theta = \frac{4}{Re}\left(\Omega' + \frac{1}{H}\frac{\partial^2 \psi'}{\partial \eta'^2}\right) \tag{2.5}$$

在圆柱表面有

$$\psi' = -\frac{\mathrm{d}l(t)}{\mathrm{d}t}\cos(2\pi\eta) \tag{2.6}$$

由 $\Omega' = \Omega$，有

$$\mathcal{C}_\tau^\theta = \mathcal{C}_{\tau F}^\theta + \mathcal{C}_{\tau V}^\theta \tag{2.7}$$

其中

$$\mathcal{C}_{\tau F}^\theta = \frac{4}{Re}\Omega \tag{2.8}$$

$$\mathcal{C}_{\tau V}^\theta = \frac{4}{Re}\frac{\mathrm{d}l(t)}{\mathrm{d}t}\cos(2\pi\eta) \tag{2.9}$$

因此，剪应力可分为 $\mathcal{C}_{\tau F}^\theta$ 和 $\mathcal{C}_{\tau V}^\theta$。$\mathcal{C}_{\tau F}^\theta$ 与表面涡量成正比，称为涡生力。$\mathcal{C}_{\tau V}^\theta$ 仅与圆柱在黏性流体中的运动有关，与流场无关，称为黏性阻尼力。

显然，振荡圆柱受到的剪应力并不像通常所述的那样[110,113]，由涡生力和惯性力组成，而是由涡生力和阻尼力组成。

压力分布系数为

$$\mathcal{C}_p^\theta = \frac{F_p^{*\theta}}{\frac{1}{2}\rho^* u_\infty^{*2}} = \frac{p_\theta^* - p_\infty^*}{\frac{1}{2}\rho^* u_\infty^{*2}} = P_\theta - P_\infty \tag{2.10}$$

其中，无量纲压力 $P = \dfrac{p^*}{\rho^* u_\infty^{*2}/2}$，$p^*$ 为有量纲压力。

运动坐标中的动量守恒方程为

$$\frac{\partial P}{\partial \xi} = -2H^{1/2}\frac{\partial u_r}{\partial t} - 2u_r\frac{\partial u_r}{\partial \xi} - 2u_\theta\frac{\partial u_r}{\partial \eta} + 4\pi u_\theta^2 - \frac{4}{Re}\frac{\partial \Omega}{\partial \eta} - 4H^{1/2}\frac{\mathrm{d}^2 l(t)}{\mathrm{d}t^2}\sin(2\pi\eta)$$
$$(2.11)$$

$$\frac{\partial P}{\partial \eta} = -2H^{1/2}\frac{\partial u_\theta}{\partial t} - 2u_r\frac{\partial u_\theta}{\partial \xi} - 2u_\theta\frac{\partial u_\theta}{\partial \eta} + 4\pi u_r u_\theta$$
$$+ \frac{4}{Re}\frac{\partial \Omega}{\partial \xi} - 4H^{1/2}\frac{\mathrm{d}^2 l(t)}{\mathrm{d}t^2}\cos(2\pi\eta)$$
$$(2.12)$$

其中，$l(t)$ 为圆柱位移。

圆柱表面有

$$\frac{\partial P}{\partial \xi} = -\frac{4}{Re}\frac{\partial \Omega}{\partial \eta} - 8\pi\frac{\mathrm{d}^2 l(t)}{\mathrm{d}t^2}\sin(2\pi\eta)\bigg|_{\xi=0}$$
$$(2.13)$$

$$\frac{\partial P}{\partial \eta} = \frac{4}{Re}\frac{\partial \Omega}{\partial \xi} - 8\pi\frac{\mathrm{d}^2 l(t)}{\mathrm{d}t^2}\cos(2\pi\eta)\bigg|_{\xi=0}$$
$$(2.14)$$

沿着 η 方向，从 $\eta = 0$ 到 η 对式(2.14)积分，可得

$$P_\theta - P_0 = \frac{4}{Re}\int_0^\eta \frac{\partial \Omega}{\partial \xi}\mathrm{d}\eta - 4\frac{\mathrm{d}^2 l(t)}{\mathrm{d}t^2}\sin(2\pi\eta)$$
$$(2.15)$$

沿着 ξ 方向($\eta = 0$)，从 $\xi = 0$ 到 ∞ 对式(2.11)积分，可得

$$P_\infty - P_0 = -4\pi\int_0^\infty \frac{\partial u_r}{\partial t}\mathrm{e}^{2\pi\xi}\mathrm{d}\xi - 1 - 2\int_0^\infty u_\theta\frac{\partial u_r}{\partial \eta}\mathrm{d}\xi + 4\pi\int_0^\infty u_\theta^2\mathrm{d}\xi - \frac{4}{Re}\int_0^\infty \frac{\partial \Omega}{\partial \eta}\mathrm{d}\xi \quad (2.16)$$

因此，有

$$\mathcal{C}_p^\theta = P_\theta - P_\infty = \mathcal{C}_{pF}^\theta + \mathcal{C}_{pV}^\theta$$
$$(2.17)$$

其中

$$\mathcal{C}_{PF}^\theta = \frac{4}{Re}\int_0^\eta \frac{\partial \Omega}{\partial \xi}\mathrm{d}\eta + \mathcal{C}_p^0$$
$$(2.18)$$

$$\mathcal{C}_p^0 = 1 + 4\pi\int_0^\infty \frac{\partial u_r}{\partial t}\mathrm{e}^{2\pi\xi}\mathrm{d}\xi + 2\int_0^\infty u_\theta\frac{\partial u_r}{\partial \eta}\mathrm{d}\xi - 4\pi\int_0^\infty u_\theta^2\mathrm{d}\xi + \frac{4}{Re}\int_0^\infty \frac{\partial \Omega}{\partial \eta}\mathrm{d}\xi \quad (2.19)$$

$$\mathscr{C}_{pV}^{\theta} = -4\frac{\mathrm{d}^2 l(t)}{\mathrm{d}t^2}\sin(2\pi\eta) \tag{2.20}$$

此时，压力 $\mathscr{C}_p^{\theta}$ 由涡生力 $\mathscr{C}_{pF}^{\theta}$ 和惯性力 $\mathscr{C}_{pV}^{\theta}$ 两项组成，这与通常所述的一致[110,113]。因此，Lighthill 关于圆柱水动力的分解，仅适用于压力，对于总力，以及升力和阻力来说均不准确。

2.2.2 阻力和升力

水动力也可以沿流向和法向分解。沿流向的分力称为阻力，沿法向的分力称为升力，即

$$\mathscr{C}_d^{\theta} = \mathscr{C}_p^{\theta}\cos(2\pi\eta) + \mathscr{C}_\tau^{\theta}\sin(2\pi\eta) \tag{2.21}$$

$$\mathscr{C}_l^{\theta} = \mathscr{C}_p^{\theta}\sin(2\pi\eta) + \mathscr{C}_\tau^{\theta}\cos(2\pi\eta) \tag{2.22}$$

将力的分布函数沿圆柱表面积分，可得总力，即

$$C = \frac{F^*}{\rho^* u_\infty^{*2} a^*} \tag{2.23}$$

因此，总阻力 C_d 可写为

$$C_d = \int_0^{2\pi} \mathscr{C}_d^{\theta}\mathrm{d}\theta = C_{dF} = \frac{2}{Re}\int_0^1\left(2\pi\Omega - \frac{\partial\Omega}{\partial\xi}\right)\sin(2\pi\eta)\mathrm{d}\eta \tag{2.24}$$

总升力 C_l 为

$$C_l = \int_0^{2\pi} \mathscr{C}_l^{\theta}\mathrm{d}\theta = C_{lF} + C_{lV} \tag{2.25}$$

其中

$$C_{lF} = \frac{2}{Re}\int_0^1\left(2\pi\Omega - \frac{\partial\Omega}{\partial\xi}\right)\cos(2\pi\eta)\mathrm{d}\eta \tag{2.26}$$

$$C_{lV} = -4\pi\frac{\mathrm{d}^2 l}{\mathrm{d}t^2} - \frac{4\pi}{Re}\frac{\mathrm{d}l}{\mathrm{d}t} \tag{2.27}$$

因此，有

$$C_l = C_{lF} - 4\pi\frac{\mathrm{d}^2 l}{\mathrm{d}t^2} - \frac{4\pi}{Re}\frac{\mathrm{d}l}{\mathrm{d}t} \tag{2.28}$$

显然，作用于圆柱的升力由三部分组成，第一项 C_{lF} 为涡生力，与圆柱表面的涡量和涡通量有关；第二项为惯性力，与圆柱的加速度有关；第三项为黏性阻

尼力，与 Re 和圆柱的运动速度有关。第二项和第三项与流场的变化无关。

2.3　圆柱运动方程

仅考虑来流法向的圆柱涡生振荡，其运动方程为

$$m^* \frac{\mathrm{d}^2 l^*}{\mathrm{d}t^{*2}} + C \frac{\mathrm{d}l^*}{\mathrm{d}t^*} + Kl^* = F_l^* \tag{2.29}$$

其中，m^* 为单位长度圆柱的质量；C 为结构阻尼系数；K 为弹性回复系数，$K = 4\pi^2 m_{vir}^* f_n^{*2} = m_{vir}^* \omega^{*2}$，$m_{vir}^*$ 为虚拟质量，$m_{vir}^* = m^* + \Delta m^*$，$\Delta m^*$ 为附加质量，f_n^* 为圆柱的固有频率；F_l^* 为升力。

进一步引入无量纲参数，$m = \dfrac{m^*}{\pi \rho^* a^{*2}} = \dfrac{\rho^*_{cyl}}{\rho^*}$，$\rho^*_{cyl}$ 和 ρ^* 分别表示圆柱密度和流体密度；频率 $f = f^* u_\infty^* / a^*$ 和结构阻尼 $\varsigma = \dfrac{C}{\pi \rho^* a^* u_\infty^*}$。无量纲的圆柱运动方程为

$$m \frac{\mathrm{d}^2 l}{\mathrm{d}t^2} + \varsigma \frac{\mathrm{d}l}{\mathrm{d}t} + m_{vir} \left(\frac{\omega_n}{\omega}\right)^2 \omega^2 l = F \tag{2.30}$$

其中，角频率 $\omega = 2\pi f$，f 为涡的脱体频率。

锁定时，涡的脱体频率与圆柱固有频率是同步的，即 f_n / f 为常数。

根据式(2.28)，有

$$F = \frac{C_l}{\pi} = \frac{C_{lF}}{\pi} - \frac{4}{Re}\frac{\mathrm{d}l}{\mathrm{d}t} - 4\frac{\mathrm{d}^2 l}{\mathrm{d}t^2} \tag{2.31}$$

当涡生振荡充分发展，达到稳定状态后，多数情况下，升力和圆柱位移的振荡可表示为正弦函数[85,111]。位移与总升力 F 的相位差记为 ϕ，位移与涡生升力 C_{lF} 的相位差为 ϕ_1，于是

$$F = F_0 \sin(\omega t + \phi) + F_a = F_0 \cos\phi \sin(\omega t) + F_0 \sin\phi \cos(\omega t) + F_a \tag{2.32}$$

$$C_{lF} = C_{lF_0} \sin(\omega t + \phi_1) + \frac{F_a}{\pi} = C_{lF_0} \cos\phi_1 \sin(\omega t) + C_{lF_0} \sin\phi_1 \cos(\omega t) + \frac{F_a}{\pi} \tag{2.33}$$

$$l = A\sin(\omega t) + l_a \tag{2.34}$$

其中，下标 a 表示剪切来流导致的振荡平衡位置的漂移。

进而有

$$F_0 \cos\phi = \frac{C_{lF_0}}{\pi} \cos\phi_1 + 4\omega^2 A \tag{2.35}$$

$$F_0 \sin\phi = \frac{C_{lF_0}}{\pi} \sin\phi_1 - \frac{4\omega A}{Re} \tag{2.36}$$

即总升力分为两部分,与圆柱加速度同相位的附加有效质量流体力 $F_0 \cos\phi$ 和与圆柱的加速度不同相位的流体阻尼力 $F_0 \sin\phi$ 。 $F_0 \cos\phi$ 由两部分组成,即与涡生力同相位的分量(式(2.35)右边第一项)和理想惯性力(式(2.35)右边第二项)。 $F_0 \sin\phi$ 也由两部分组成,即与涡生力不同相位的分量(式(2.36)右边第一项)和黏性阻尼力(式(2.35)右边第二项)。

将式(2.32)和式(2.34)代入式(2.30),可得

$$m_{vir}\left(\frac{\omega_n}{\omega}\right)^2 = \left(m + \frac{F_0 \cos\phi}{\omega^2 A}\right) \tag{2.37}$$

$$\sin\phi = \frac{\varsigma\omega A}{F_0} \tag{2.38}$$

显然,位移与总升力 F 的相位差来源于机械阻尼。

将式(2.38)代入式(2.36),可得

$$\sin\phi_1 = \left(\varsigma + \frac{4}{Re}\right)\frac{\pi A\omega}{C_{lF_0}} \tag{2.39}$$

显然,位移与涡生升力 C_{lF} 的相位差来源于机械阻尼和黏性阻尼。

当 $\varsigma = 0$ 时,有

$$\sin\phi_1 = \frac{4}{Re}\frac{\pi A\omega}{C_{lF_0}}$$

此时,总力与位移的相位差 $\phi = 180°$,则有 $F = F_0 \sin(\omega t)$ 。

将式(2.35)代入式(2.37),可得

$$m_{vir}\left(\frac{\omega_n}{\omega}\right)^2 = m + 4 + \frac{C_{lF_0}}{\pi\omega^2 A}\cos\phi_1 = m + 4 + \frac{1}{\pi\omega^2}\frac{C_{lF_0}}{A}\sqrt{1 - \left[\pi\omega\left(\xi + \frac{4}{Re}\right)\right]^2\left(\frac{A}{C_{lF_0}}\right)^2} \tag{2.40}$$

其中,方程右端第一项为圆柱质量;第二项为惯性导致的附加质量;第三项为黏性导致的附加质量。

如果圆柱从静止开始振荡,在来流 u_∞ 的作用下,圆柱的振幅逐渐增大,经充分发展后,达到稳定振荡状态。在成长期间,升力和圆柱位移的周期变化都无法准确表达为正弦函数。为了处理涡生振荡的发展过程,假设振荡发展过程中周期变化的频率比 f_n / f 不变,而每个周期内,升力和位移的振荡可以用准谐波的平

均振幅 $\bar{B}$ 表示，其中 $\bar{B}=(B_{\text{upper}}+B_{\text{lower}})/2$，$B_{\text{upper}}$ 和 B_{lower} 分别表示每个周期内上侧和下侧的峰值。特别需要强调的是，该假定对圆柱振荡的稳定状态是没有影响的，因此有

$$m_{vir}\left(\frac{\omega_n}{\omega}\right)^2 = m + 4 + \frac{1}{\pi\omega^2}\frac{\bar{C}_{lF_0}}{\bar{A}}\sqrt{1-\left[\pi\omega\left(\xi+\frac{4}{Re}\right)\right]^2\left(\frac{\bar{A}}{\bar{C}_{lF_0}}\right)^2} \tag{2.41}$$

其中，m_{vir} 随时间而变化。

每个周期内能量传递的无量纲形式为

$$E = E_l + E_d \tag{2.42}$$

其中，E 的符号表示能量传递的方向，为正表示能量从流体传递给圆柱，为负表示能量从圆柱转移给流体；E_l 为一个周期内流体对圆柱做的功；E_d 始终为负，表示黏性导致的能量耗散，即

$$E_l = \frac{1}{\pi}\int_0^T C_{lF}(t)\frac{\mathrm{d}l(t)}{\mathrm{d}t}\mathrm{d}t \tag{2.43}$$

$$E_d = -\frac{4}{Re}\int_0^T\left(\frac{\mathrm{d}l(t)}{\mathrm{d}t}\right)^2\mathrm{d}t \tag{2.44}$$

其中，T 为圆柱运动的周期。

2.4　数　值　方　法

2.4.1　初始条件

设绕过圆柱的来流速度在法向是线性变化的，即 $U=U_\infty+Gy$。剪切来流示意图如图 2.1 所示。其中，坐标轴 y 垂直于来流方向，圆柱中心处 $y=0$，G 表示来流速度的横向梯度。来流剪切度定义为 $K=2Ga/U_\infty$。本书仅讨论剪切度 $K \geqslant 0$ 的情况，即圆柱上侧的速度大于或等于圆柱下侧的速度。

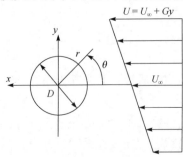

图 2.1　剪切来流示意图

假设初始流动是无黏的，根据第二循环定理[112]，在剪切来流条件下，固定圆柱绕流流场的流函数为

$$\psi' = -2\mathrm{sh}(2\pi\xi)\left[\sin(2\pi\eta) + \frac{K}{2}(\mathrm{ch}(2\pi\xi)\cos(4\pi\eta) - \mathrm{e}^{2\pi\xi})\right] \tag{2.45}$$

$$\Omega' = K \tag{2.46}$$

其中，上标 ′ 表示静止坐标系。

若圆柱仅在垂直于来流的方向上运动，在运动坐标系中，有

$$\psi = \psi' + \left(\frac{\mathrm{d}l}{\mathrm{d}t}\right)\mathrm{e}^{2\pi\xi}\cos(2\pi\eta) = \psi' - (\tan\theta_0)\mathrm{e}^{2\pi\xi}\cos(2\pi\eta)$$

其中，$\theta_0 = \arctan\left(-\dfrac{\mathrm{d}l(t)}{\mathrm{d}t}\right)$，$\dfrac{\mathrm{d}l(t)}{\mathrm{d}t}$ 为圆柱的运动速度；无量纲圆柱的位移 $l = l^*/a^*$。

因此，在运动坐标系下，剪切来流时，圆柱绕流的初始流场为

$$\psi = -2\mathrm{sh}(2\pi\xi)\left[\sin(2\pi\eta) + \frac{K}{2}(\mathrm{ch}(2\pi\xi)\cos(4\pi\eta) - \mathrm{e}^{2\pi\xi})\right] - (\tan\theta_0)\mathrm{e}^{2\pi\xi}\cos(2\pi\eta) \tag{2.47}$$

$$\Omega = K \tag{2.48}$$

2.4.2　边界条件

$t > 0$ 时，无穷远处 $\xi \to \infty$，$\mathrm{e}^{2\pi\xi} \to 2\mathrm{sh}(2\pi\xi)$，于是有

$$\psi = -2\mathrm{sh}(2\pi\xi)\left[\frac{\sin(2\pi\eta + \theta_0)}{\cos\theta_0} + \frac{K}{2}(\mathrm{ch}(2\pi\xi)\cos(4\pi\eta) - 2\mathrm{sh}(2\pi\xi))\right] \tag{2.49}$$

显然，流函数 ψ 与来流剪切度和圆柱的振荡状态有关，即

$$\Omega = K \tag{2.50}$$

圆柱表面 $\xi = 0$ 处，有无滑移边界，即

$$\psi = 0 \tag{2.51}$$

$$\Omega = -\frac{1}{H}\frac{\partial^2\psi}{\partial\xi^2} \tag{2.52}$$

2.4.3　计算方法

数值计算时，式(2.1)采用 ADI (alternative direction implicit) 格式，即

$$H_i \frac{\Omega_{i,j}^{n+\frac{1}{2}} - \Omega_{i,j}^n}{\frac{\Delta t}{2}} + \frac{(U_\theta \Omega^{n+\frac{1}{2}})_{i,j+1} - (U_\theta \Omega^{n+\frac{1}{2}})_{i,j-1}}{2\Delta\eta} - \frac{2}{Re}\frac{\Omega_{i,j+1}^{n+\frac{1}{2}} - 2\Omega_{i,j}^{n+\frac{1}{2}} + \Omega_{i,j-1}^{n+\frac{1}{2}}}{\Delta\eta^2}$$

$$= -\frac{(U_r\Omega^n)_{i+1,j} - (U_r\Omega^n)_{i-1,j}}{2\Delta\xi} + \frac{2}{Re}\frac{\Omega_{i+1,j}^n - 2\Omega_{i,j}^n + \Omega_{i-1,j}^n}{\Delta\xi^2} \tag{2.53}$$

$$+ NH_i^{\frac{1}{2}}\left(\frac{F_{\theta,i+1,j} - F_{\theta,i-1,j}}{2\Delta\xi} + 2\pi F_{\theta,i,j}\right)$$

$$H_i \frac{\Omega_{i,j}^{n+1} - \Omega_{i,j}^{n+\frac{1}{2}}}{\frac{\Delta t}{2}} + \frac{(U_r\Omega^{n+1})_{i+1,j}(U_r\Omega^{n+1})_{i-1,j}}{2\Delta\xi} - \frac{2}{Re}\frac{\Omega_{i+1,j}^{n+1} - 2\Omega_{i,j}^{n+1} + \Omega_{i-1,j}^{n+1}}{\Delta\eta^2}$$

$$= -\frac{(U_\theta\Omega^{n+\frac{1}{2}})_{i,j+1} - (U_\theta\Omega^{n+\frac{1}{2}})_{i,j-1}}{2\Delta\eta} + \frac{2}{Re}\frac{\Omega_{i,j+1}^{n+\frac{1}{2}} - 2\Omega_{i,j}^{n+\frac{1}{2}} + \Omega_{i,j-1}^{n+\frac{1}{2}}}{\Delta\xi^2} \tag{2.54}$$

$$+ NH_i^{\frac{1}{2}}\left(\frac{F_{\theta,i+1,j} - F_{\theta,i-1,j}}{2\Delta\xi} + 2\pi F_{\theta,i,j}\right)$$

式(2.2)采用 FFT 格式，即

$$\frac{\psi_{i+1,j}^n - 2\psi_{i,j}^n + \psi_{i-1,j}^n}{\Delta\xi^2} + \frac{\psi_{i,j+1}^n - 2\psi_{i,j}^n + \psi_{i,j-1}^n}{\Delta\eta^2} = -H_i\Omega_{i,j}^n \tag{2.55}$$

以一维为例，则有

$$\psi_{t-2} + A\psi_{t-1} + \psi_t = q_{t-1}$$

$$\psi_{t-1} + A\psi_t + \psi_{t+1} = q_t$$

$$\psi_t + A\psi_{t+1} + \psi_{t+2} = q_{t+1}$$

消去 ψ_{t-1} 和 ψ_{t+1}，可得

$$H_i \frac{\Omega_{i,j}^{n+1} - \Omega_{i,j}^{n+\frac{1}{2}}}{\frac{\Delta t}{2}} + \frac{(U_r\Omega^{n+1})_{i+1,j}(U_r\Omega^{n+1})_{i-1,j}}{2\Delta\xi} - \frac{2}{Re}\frac{\Omega_{i+1,j}^{n+1} - 2\Omega_{i,j}^{n+1} + \Omega_{i-1,j}^{n+1}}{\Delta\eta^2}$$

$$= -\frac{(U_\theta\Omega^{n+\frac{1}{2}})_{i,j+1} - (U_\theta\Omega^{n+\frac{1}{2}})_{i,j-1}}{2\Delta\eta} + \frac{2}{Re}\frac{\Omega_{i,j+1}^{n+\frac{1}{2}} - 2\Omega_{i,j}^{n+\frac{1}{2}} + \Omega_{i,j-1}^{n+\frac{1}{2}}}{\Delta\xi^2}$$

$$+ NH_i^{\frac{1}{2}}\left(\frac{F_{\theta,i+1,j} - F_{\theta,i-1,j}}{2\Delta\xi} + 2\pi F_{\theta,i,j}\right)$$

$$\psi_{t-2} + A^{(1)}\psi_t + \psi_{t+2} = q_t^{(1)}$$

其中，$A^{(1)} = 2I - A^2$；$q_t^{(1)} = q_{t-1} - Aq_t + q_{t+1}$。

重复以上步骤，可得

$$\psi_{t-4} + A^{(1)}\psi_{t-2} + \psi_t = q_{t-1}^{(1)}$$

$$\psi_{t-2} + A^{(1)}\psi_t + \psi_{t+2} = q_t^{(1)}$$

$$\psi_t + A^{(1)}\psi_{t+2} + \psi_{t+2} = q_{t+1}^{(1)}$$

在 n 步之后，可得

$$\psi_{-N} + A^{(n)}\psi_0 + \psi_N = q_0^{(n)} \tag{2.56}$$

根据周期性边界，由 $\psi_{-N} = \psi_0 = \psi_N$，可得

$$\psi_0 = \frac{q_0^{(n)}}{A^{(n)} + 2} \tag{2.57}$$

由 ψ_0 和 ψ_N 很容易得到 $\psi_{N/2}$，所以任意一个内点的 ψ 值都可以求得。

上述格式具有时间一阶精度和空间二阶精度。圆柱的运动可以利用 Runge-Kutta 法求解式(2.30)得到。本书的计算结果是在 $Re = 150$，计算步长 $\Delta\xi = 0.004$、$\Delta\eta = 0.002$、$\Delta t = 0.005$ 条件下得到的。计算中的输入参数有流体的密度 $\rho = 1.0 \times 10^3 \, \mathrm{kg/m^3}$、运动黏度 $\nu = 1.0 \times 10^{-6} \, \mathrm{m^2/s}$、自由来流速度 $u_\infty = 7.5 \times 10^{-3} \, \mathrm{m/s}$、圆柱半径 $a = 1.0 \times 10^{-2} \, \mathrm{m}$、圆柱密度 $\rho_{cyl} = 2.6\pi \times 10^3 \, \mathrm{kg/m^3}$、结构阻尼 $C = 0$。

2.5　结果与讨论

2.5.1　尾涡对涡生振荡系统的影响

为了便于比较，本书从最简单的情况，即均匀来流固定圆柱（$K = 0$，$\dfrac{\mathrm{d}l(t)}{\mathrm{d}t} = 0$）的绕流开始讨论。图 2.2 所示为 $Re = 150$ 时，几个特定瞬间的计算涡量图。

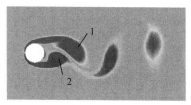
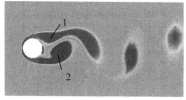

(a) D 时刻　　　　　　　　　　　(b) A 时刻

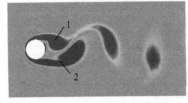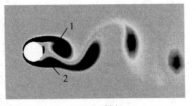

(c) B 时刻　　　　　　　　　　　　　(d) C 时刻

图 2.2　均匀来流条件下圆柱绕流涡量的周期变化

由此可见，绕流主要表现为上下涡周期性的交替脱体。

D 时刻，下涡已得到充分发展，成为尾流区域占主导地位的涡，对应于近壁的圆形区域。占主导地位的下涡对上侧剪切层有明显的拉拽作用，使该剪切层向壁面弯曲，从而诱发上涡的形成。上下涡的分离点皆处于平衡位置($\theta = \pm 114.3°$)。随着下涡向下游的运动，其强度逐渐衰减，而上涡强度则逐渐增强。至 A 时刻，上涡已明显可见，上下涡对尾流区域的影响相当。上、下分离点皆处于极端位置(分别为 $\theta = 110.6°$ 和 $\theta = -118.0°$)。随着流场的进一步发展，在 B 时刻，上涡成为尾流区域的主导涡，下涡衰减消失后，再次开始形成。此时的流场与 D 时刻流场关于 $\theta = 0°$ 对称。分离点的移动趋势与 D 时刻相反。同样，流场发展到 C 时刻，与 A 时刻的流场关于 $\theta = 0°$ 对称。当下涡再次成为主导涡时，流场图像与 D 时刻的相同，圆柱绕流完成一个周期的变化。

D 时刻，曾在尾流区起主导作用的上涡，即涡 1 因不断向下游的运动而逐渐离开圆柱。随后，连接涡 1 和圆柱的剪切层在涡 2 的作用下不断被拉伸，直至断裂(即消失)，涡 1 成为独立于圆柱的涡。这些上下交替的与圆柱相对独立的涡组成卡门涡街。

如果取 A 时刻为脱体周期的起点，即 $t = 0$，则上半周期(A、B、C 时刻)，上涡在尾流区域占优势，下半周期(C、D、A 时刻)，下涡在尾流区占优。上涡占优时，上分离点向下游漂移，下分离点向上游漂移。其中，前 1/4 周期，即从 A 时刻到 B 时刻，分离点漂移加速，后 1/4 周期，即从 B 时刻到 C 时刻，漂移减速。下涡占优时，分离点漂移方向相反。图 2.3 为均匀来流圆柱上下分离点的周期变化。图中 A、B、C、D 时刻与图 2.2 对应。显然，上下分离点周期变化的相位差为 π。

尾流的周期性变化导致壁面水动力的周期变化。壁面水动力由壁面剪应力和壁面压力两部分组成。圆柱表面剪应力的分布如图 2.4 所示。可以看出，圆柱迎风面剪应力的绝对值较大，而背风面剪应力的变化幅度较大。前者圆柱的迎风面附近流速较快，而背风面逆压梯度的减速作用使流速减小；后者圆柱尾部周期脱落的涡导致背风面速度变化剧烈，从而使剪应力的变化也剧烈。

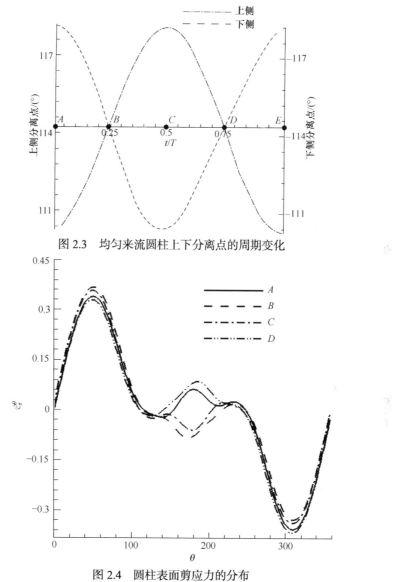

图 2.3　均匀来流圆柱上下分离点的周期变化

图 2.4　圆柱表面剪应力的分布

对于圆柱，在很大的 Re 范围内[114,115]，壁面压力远大于壁面剪应力。因此，圆柱壁面的升力和阻力主要取决于壁面的压力。不同时刻，$Re=150$ 的均匀来流固定圆柱壁面压力分布，如图 2.5 所示。脱体旋涡的拉拽使该侧迎风面的流体加速，压力下降。在 A 时刻和 C 时刻，图中分别用实线和点划线表示，由于上下涡影响相同，因此上、下壁面的压力分布镜像对称，升力为零，此时阻力也较小。在 B 时刻和 D 时刻，图中分别用虚线和双点划线表示，一侧的脱体涡为主导涡。该侧的压力明显小于另一侧，因此升力达到最大值，阻力也较大。B 时刻的压力

分布曲线与 D 时刻的镜像对称。

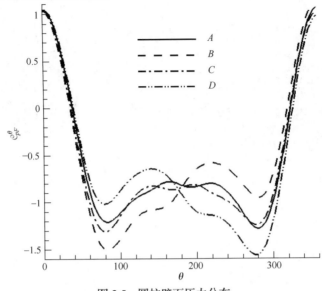

图 2.5　圆柱壁面压力分布

　　压力和剪应力的变化导致升阻力变化。我们将升力视为阻力的函数,在其相空间绘制升力-阻力变化曲线,可以清楚地描述升阻力的周期变化。均匀来流圆柱绕流的升阻力相图是封闭的 Lissajou 曲线,如图 2.6 所示。该曲线关于 $C_l = 0$ 对称的,上半支 ABC 对应于脱体的上半周期,即尾流区中上涡占优的半个周期,升力为正。下半支 CDA 对应于脱体的下半周期,下涡占优,升力为负。

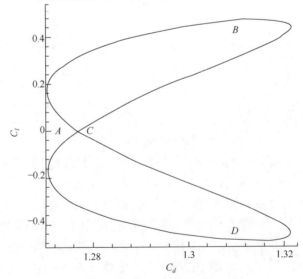

图 2.6　均匀来流圆柱绕流的升阻力相图

2.5.2 振荡对涡生振荡系统的影响

如果取消对圆柱的横向(垂直于流向)约束，圆柱在周期性升力的作用下，将在横向振荡。振荡圆柱又会影响周围流体，使流场发生变化，这会进一步导致圆柱表面水动力的变化。因此，这是一个标准的流固耦合问题($K = 0$，$\dfrac{\mathrm{d}l(t)}{\mathrm{d}t} \neq 0$)。

圆柱横向振荡时，其上下两侧的表面将对流体产生不同的影响。一侧对流体有挤压作用，称为推壁面，另一侧对流体有抽吸作用，称为吸壁面。图 2.7 所示为四个典型时刻圆柱的表面涡量分布。D 时刻，圆柱位于上侧的最大位移处，上侧面为推壁面；B 时刻，圆柱位于最低处，上侧面为吸壁面。推壁面的挤压使涡量沿壁面的变化(上升和下降)更为剧烈，而吸壁面则使壁面涡量变化平缓，从而增强抑制流体分离的能力。因此，B 时刻，上壁面的流体分离被完全抑制；D 时刻，下壁面的分离被完全抑制。

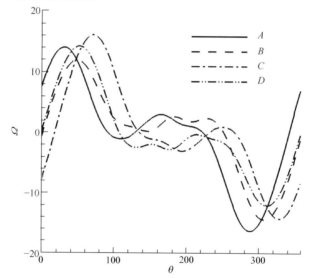

图 2.7 四个典型时刻圆柱的表面涡量分布

图 2.8 为 $Re = 150$ 均匀来流情形下，圆柱在横向形成涡生振荡时，几个典型时刻的涡量分布图，其中"+"表示圆柱固定释放的初始 0 位。

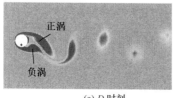

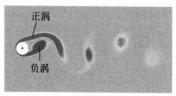

(a) D 时刻   (b) A 时刻

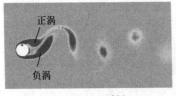

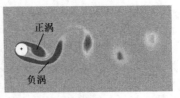

(c) B 时刻　　　　　　　　　　　　(d) C 时刻

图 2.8　均匀来流条件下涡生振荡流场的周期变化

在 D 时刻，圆柱到达最上位置处，此时圆柱速度为 0，加速度达到最大。下涡在尾流的作用中占主导，同时上涡开始产生。然后，圆柱向平衡位置移动，速度增大，加速度减小，同时下涡减弱、上涡增强。至 A 时刻，圆柱到达平衡位置，且以最大速度向下运动，此时上涡和下涡对尾流的影响相当。然后，圆柱逐渐减速，上涡逐渐增强。至 B^- 时刻，上侧的流体分离被抑制，壁面涡量变为同号，但先前脱体的上涡仍为尾流区域的主导涡。B 时刻，圆柱到达最低位置，然后向上运动。此时，上侧面成为推壁面，抑制分离能力逐渐减弱，至 B^+ 时刻，上壁面重新出现流体分离，分离点两侧壁面涡量也重新变为异号。C 时刻，圆柱以最大向上运动速度再次到达平衡位置。此时，流场与 A 时刻的对称。逼近 D 时刻时，圆柱下侧的流体分离被抑制，其后过程与 B 时刻附近的事件类似。D 时刻，圆柱处于最上方，下涡占主导，完成一个周期的振荡。

由于圆柱的振荡，上涡脱落时，圆柱位于上侧最大位移处，而下涡脱落时，圆柱位于下侧最大位移处，因此涡街由两排方向相反的涡列组成。

图 2.9 所示为前滞止点和上下分离点的周期变化曲线。其中，实线 α_1 为前滞止

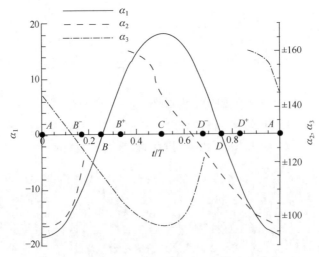

图 2.9　前滞止点和上下分离点的周期变化曲线

点漂移曲线，是正弦曲线。A、C 时刻圆柱运动速度最大，因此前滞止点漂移值最大。B、D 时刻，圆柱运动速度为零，因此前滞止点未漂移。虚线 α_2 为上分离点变化曲线，B^- 时刻分离点消失，B^+ 时刻分离点重新出现。点划线 α_3 为下分离点变化曲线，与上分离点变化曲线对称。

　　流场的周期性变化导致壁面水动力(壁面剪应力 $\mathcal{C}_\tau^\theta$ 和壁面压力 $\mathcal{C}_p^\theta$)的周期变化。由式(2.15)，可以根据流场求得壁面剪应力 $\mathcal{C}_\tau^\theta$ (图 2.10)。由于振荡过程中的速度很小($\mathcal{C}_{\tau V}^\theta \ll \mathcal{C}_{\tau F}^\theta$)，因此剪应力的分布主要与涡量(图 2.7)有关。剪应力的分布变化趋势与涡量类似。

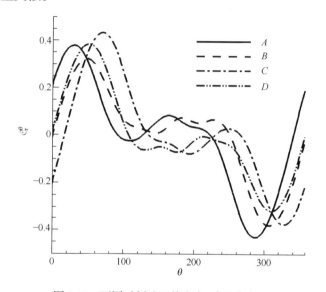

图 2.10　不同时刻壁面剪应力 $\mathcal{C}_\tau^\theta$ 的分布

　　振荡圆柱的壁面压力由两部分组成，即

$$\mathcal{C}_p^\theta = \mathcal{C}_{pF}^\theta + \mathcal{C}_{pV}^\theta$$

其中，$\mathcal{C}_{pF}^\theta$ 为流场诱导的压力；$\mathcal{C}_{pV}^\theta$ 为圆柱加速诱导的压力。

　　图 2.11 为不同时刻，固定圆柱和振荡圆柱的 $\mathcal{C}_{pF}^\theta$ 分布，其中虚线表示固定圆柱，实线表示振荡圆柱。

　　在 A(或 C)时刻，处于平衡位置的圆柱具有最大的运动速度。此时，前滞止点向下壁面(或上壁面)的漂移也达到最大，这使圆柱迎风面的压力增大，背风面的压力显著减小。特别是，下壁面(或上壁面)的背风面导致阻力增大。在 B(或 D)时刻，圆柱位于最下端(或最上端)。由于圆柱位移的挤压，下侧(或上侧)剪切层的强

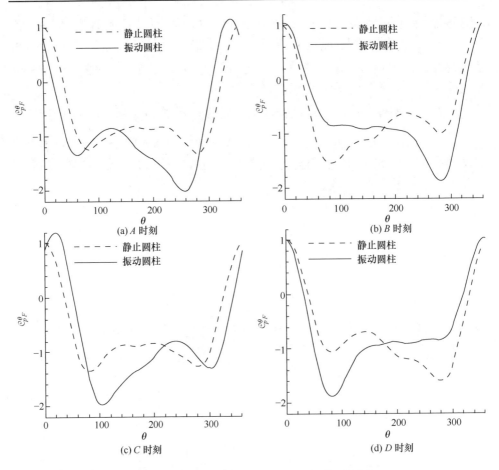

图 2.11 不同时刻固定圆柱和振荡圆柱的 $\mathcal{C}_{pF}^{\theta}$ 分布

度增强，壁面涡通量增加，压力减小，而上侧(或下侧)抽吸壁使壁面涡通量减小，从而提高压力。因此，上下侧的压力变化产生方向向下(或向上)的升力，这与固定圆柱的情形相反。振荡圆柱的升力大小和方向取决于圆柱位移对流场的影响，固定圆柱决定脱体涡的强度。

图 2.12 为不同时刻，振荡圆柱因加速而诱导的压力 $\mathcal{C}_{pV}^{\theta}$ 分布。在 A、C 时刻，加速度 $\dfrac{\mathrm{d}^2 l(t)}{\mathrm{d}t^2}=0$，因此 $\mathcal{C}_{pV}^{\theta}=0$。其他时刻，加速度不为零， $\mathcal{C}_{pV}^{\theta}$ 也不为零，圆柱上下两侧的压力对称分布，方向相反。B、D 时刻，加速度 $\dfrac{\mathrm{d}^2 l(t)}{\mathrm{d}t^2}$ 最大， $\mathcal{C}_{pV}^{\theta}$ 取极值。因此，升力随着惯性力的增大而增大，阻力与惯性力无关。

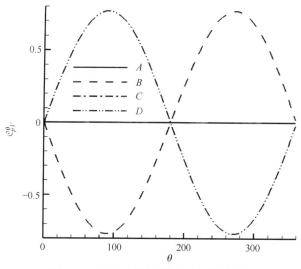

图 2.12　不同时刻振荡圆柱的 $\mathcal{C}_{pV}^{\theta}$ 分布

压力和剪应力的变化导致升阻力的变化，而升阻力的变化在 $C_d \sim C_l$ 相图中更容易体现，其对应于一个封闭的 Lissajou 曲线(图 2.13)。若将 A 时刻作为周期变化的起始时刻，那么闭合曲线 ABC 对应圆柱的位移为正的半个周期，而 CDA 对应圆柱的位移为负的半个周期。

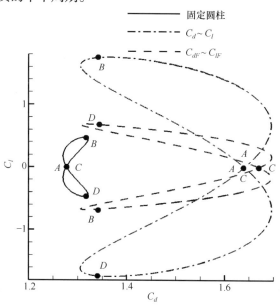

图 2.13　固定圆柱和振荡圆柱的升阻力相图

$C_{dF} \sim C_{lF}$ 相图如图 2.13 中的虚线所示，振荡诱导的流场变化导致升阻力的振幅增大。升力在 B 时刻达到负的最大，在 D 时刻达到正的最大，这与固定圆柱的升力变化是相反的。另外，惯性力与圆柱的加速度同相位，会增大加速度方向上的升力，而对阻力没有贡献，如图 2.14 中实线所示。其作用效果与流场变化导致的升阻力相图 $C_{dF}\sim C_{lF}$ 叠加，使涡生振荡总升阻力 $C_d\sim C_l$ 相图在 $C_{dF}\sim C_{lF}$ 的基础上垂直翻转，且振荡幅度也进一步增大，得到的 $C_d\sim C_l$ 相图如图 2.13 中点划线所示。黏滞阻尼力与圆柱的加速度不同相位如图 2.14 中虚线所示。

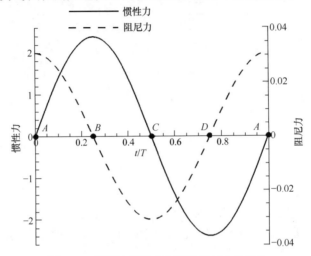

图 2.14　周期内惯性力和黏滞阻尼力的变化

　　均匀来流振荡圆柱的位移如图 2.15 所示。在 $t_1 = 446$ 时刻，解除圆柱横向(垂直与流向)约束，圆柱将在升力 C_{lF} 的作用下振荡，振幅逐渐增大，直到 $t \geqslant 620$，振幅不再变化，达到稳定振荡。

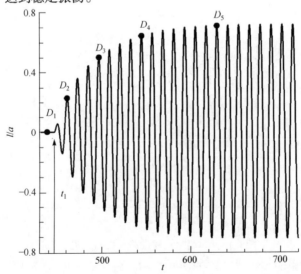

图 2.15　均匀来流振荡圆柱的位移

当振荡圆柱远离平衡位置时，升力 $C_{lF}(t)$ 做功为正，即流体对圆柱做功，增加圆柱的能量，反之亦然。另外，阻尼力做功始终为负，即减少圆柱的能量。均匀来流涡生振荡的能量变化如图 2.16 所示，其中虚线表示升力 $C_{lF}(t)$ 做功 E_l，点划线表示阻尼力做功 E_d，实线表示每个周期转移的总能量 E，是 E_l 与 E_d 之和。圆柱开始振荡时，E_l 的绝对值大于 E_d 的绝对值，因此升力做的正功占主导。随着圆柱的振幅逐渐增大，E_l 的绝对值先增大后减小，而 E_d 的绝对值单调增大至与 E_l 的绝对值相等，此时两者之和为 0。因此，圆柱达到稳定振动状态。

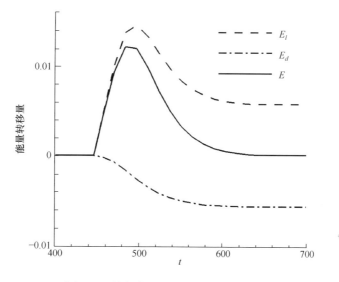

图 2.16　均匀来流涡生振荡的能量变化

圆柱从固定至稳定振荡的过程中的流场涡量如图 2.17 所示。图中的时刻与图 2.15 相对应，即圆柱的位置处于上侧最大位移处。在 $t_1 = 446$ 时刻，圆柱的横向约束被解除，在升力的作用下开始振荡。由于能量从流体转移到圆柱，因此圆柱的振幅增大，对应的流场如图 2.17 中的 $D_1 \sim D_4$ 时刻。当总能量达到平衡时，圆柱的振荡也达到稳定，此时流场对应 D_5 时刻。

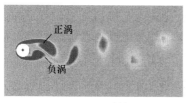

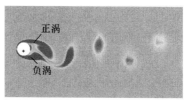

(a) D_1 时刻　　　　　　　　　　(b) D_2 时刻

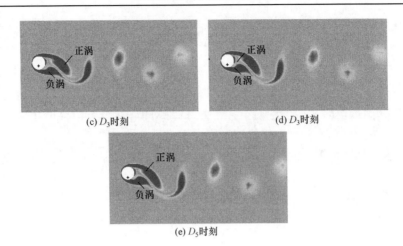

(c) D_3时刻　　　　　　　　　　　(d) D_3时刻

(e) D_5时刻

图 2.17　振动过程中的流场涡量

振动过程中的涡生升阻力相图 $(C_{dF} \sim C_{IF})$ 如图 2.18 所示。$A_1B_1C_1D_1A_1$ 对应固定圆柱的升阻力相图，由于圆柱振荡对圆柱上下两侧剪切层的作用，相图逐渐发生 180° 的反转。随着圆柱振荡的加剧，圆柱的能量增大，点 A 与 C 分离，打破了曲线的镜像对称。另外，阻力平均值，以及阻力和升力的振幅增大，导致曲线从左向右不断延伸，直至振荡达到稳定，A 与 C 再次重合，即对应相图 $A_5B_5C_5D_5A_5$。

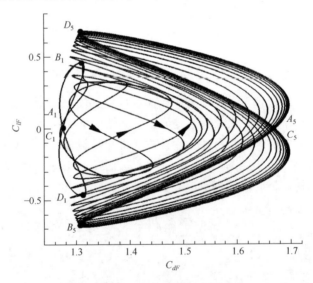

图 2.18　振动过程中的升阻力相图

设机械阻尼系数 $\varsigma=0$，因此总升力和位移的相位差为 180°，即 $\phi=180°$，导致 $F_0\sin\phi=0$。因此，有效质量流体力 $F_0\cos\phi$ 与总升力 F_0 的幅值相同。振动过程

中 F_0 随时间的变化如图 2.19 所示。可以看出，F_0 随着时间先增大，然后趋于稳定(振荡达到稳定)。

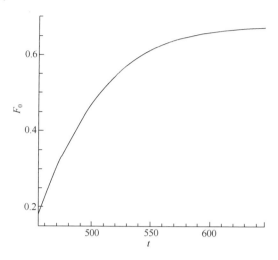

图 2.19　振动过程中 F_0 随时间的变化

振动过程中 ϕ_1 随时间的变化如图 2.20 所示。可以看出，ϕ_1 随着时间先迅速增大，然后稍有减小，最后趋于稳定(振荡达到稳定)。

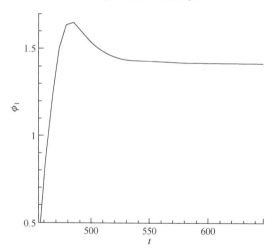

图 2.20　振动过程中 ϕ_1 随时间的变化

附加质量 Δm 包含惯性导致的附加质量和黏性导致的附加质量。其随时间的变化如图 2.21 所示。可以看出，Δm 随时间先迅速减小，然后稍有增大，最后趋于稳定(振荡达到稳定)。

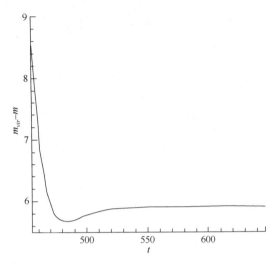

图 2.21　振动过程中 Δm 随时间的变化

2.5.3　剪切对涡生振荡系统的影响

不同剪切度 K 的涡生振荡流场周期变化如图 2.22 所示,即 $Re = 150$ 时,对于不同的剪切度 K,圆柱在横向形成涡生振荡时几个典型时刻的涡量分布图,"+"表示圆柱从固定释放的初始 0 位。

剪切来流给流场加入了背景涡,使圆柱的上涡增强,下涡减弱,流场的对称性被破坏。涡街向下侧倾斜,倾斜程度随着 K 的增大而增大。尾流中两排涡的涡距增大,剪切度 K 越大,涡距越大。圆柱振荡的平衡位置也因来流剪切,向下侧漂移。

流场的变化导致壁面水动力(壁面剪应力 c_τ^θ 和壁面压力 c_{pF}^θ)变化。不同时刻,壁面剪应力 c_τ^θ 分布随剪切度 K 的变化如图 2.23 所示。剪切来流导致前滞止点向

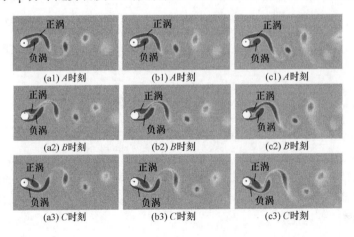

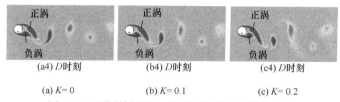

(a) K = 0　　　　　(b) K = 0.1　　　　　(c) K = 0.2

图 2.22　不同剪切度 K 的涡生振荡流场周期变化

圆柱上侧漂移，相当于来流方向的漂移，整个流场可以近似视为按顺时针旋转了一个角度。这使剪应力的分布也沿着顺时针漂移，且随着剪切度的增大，漂移量也增大。

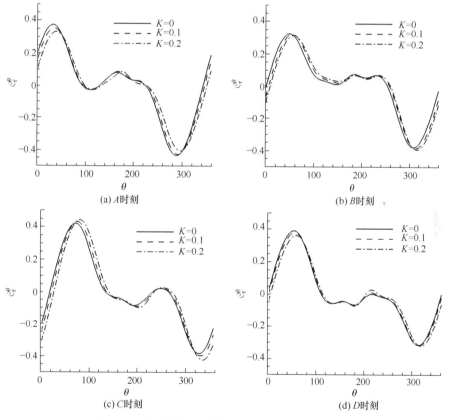

图 2.23　壁面剪应力 $\mathcal{C}_\tau^\theta$ 分布随剪切度 K 的变化

不同时刻的压力 $\mathcal{C}_{pF}^\theta$ 分布随剪切度 K 的变化如图 2.24 所示。剪切来流导致前滞止点向圆柱上侧漂移，使压力分布也沿着顺时针漂移。可以看出，压力的漂移导致圆柱上壁面的压力以增大为主，下壁面的压力以减小为主，因此产生向下的升力，且剪切度增大时，漂移量也增大，因此升力的绝对值随着剪切度的增大而增大。

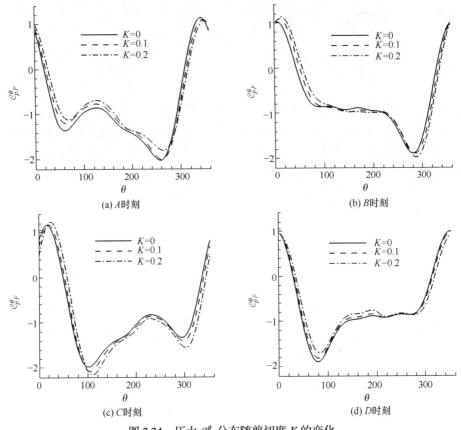

图 2.24 压力 $\mathscr{C}_{pF}^{\theta}$ 分布随剪切度 K 的变化

不同时刻，振荡圆柱因加速而诱导的压力 $\mathscr{C}_{pV}^{\theta}$ 分布如图 2.25 所示。由于剪切来流的作用，圆柱的平衡位置向下侧漂移，在 A、C 时刻，加速度 $\dfrac{\mathrm{d}^2 l(t)}{\mathrm{d}t^2}$ 不为 0，因此 $\mathscr{C}_{pV}^{\theta}$ 也不为零，随着剪切度 K 的增大而增大。在 B 时刻，加速度绝对值 $\dfrac{\mathrm{d}^2 l(t)}{\mathrm{d}t^2}$ 最大，$\mathscr{C}_{pV}^{\theta}$ 的绝对值取极值，且随着剪切度 K 的增大而增大。在 D 时刻，$\mathscr{C}_{pV}^{\theta}$ 值随剪切度 K 的变化不大。由于加速度的方向垂直于来流方向，因此升力随着惯性力的增大而增大，阻力与惯性力无关。

涡生升阻力 $C_{dF} \sim C_{lF}$ 相图随剪切度 K 的变化如图 2.26 所示。可以看出，剪切导致曲线向下侧漂移，即升力均值不为 0，指向圆柱下侧，且升力均值的绝对值随着剪切度的增大而增大。另外，随着剪切度的增大，升力和阻力的振幅也增大，并导致 A、C 点分离。

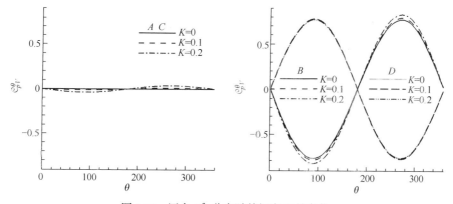

图 2.25　压力 $\mathcal{C}_{pV}^{\theta}$ 分布随剪切度 K 的变化

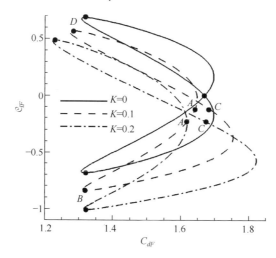

图 2.26　升阻力相图随剪切度 K 的变化

稳定振荡时，圆柱的振幅和平衡位置随剪切度 K 的变化如图 2.27 所示。可以看出，随着剪切度的增大，振幅增大且平衡位置向圆柱下侧的漂移也越大。

对于剪切来流(K=0.2)，$t_1 = 446$ 时，解除圆柱横向(垂直于流向)约束，圆柱在升力作用下振荡，从固定发展至稳定振荡。在该过程中，圆柱位移的变化如图 2.28 所示。其振幅逐渐增大，剪切来流导致的平均升力指向圆柱的下侧，因此其平衡位置离开 $l/a = 0$ 点，向下侧漂移。$t \geqslant 640$ 时，达到稳定振荡。

振荡过程中(K=0.2)的能量变化如图 2.29 所示。其变化趋势与图 2.16 相同，差别在于振荡圆柱在剪切来流时，位移和速度都比均匀来流时大，因此能量转移过程中 E_l 和 E_d 的绝对值也较大。最终稳定振荡时，两者之和 E 为 0，圆柱达到稳定振动状态。

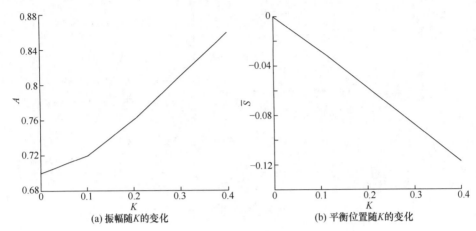

(a) 振幅随 K 的变化　　　　　　　(b) 平衡位置随 K 的变化

图 2.27　圆柱的振幅和平衡位置随剪切度 K 的变化

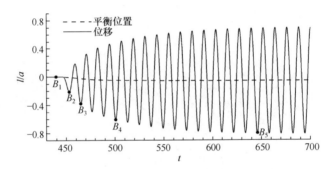

图 2.28　剪切来流(K=0.2)振荡圆柱的位移

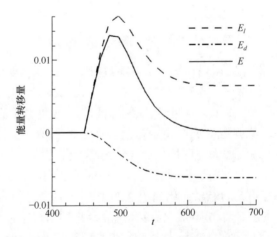

图 2.29　振动过程中(K=0.2)的能量变化

　　振动过程中(K=0.2)的流场涡量变化如图 2.30 所示。图中的时刻 B_i 与图 2.28 相对应，圆柱都处在下侧最大位移处。横向约束解除后，圆柱振荡，由于能量从流体转移到圆柱，圆柱的振幅增大，对应的流场如图 2.28 中的 $B_1 \sim B_5$ 时刻所示。当总能量达到平衡时，圆柱的振荡也达到稳定，此时流场对应 B_5 时刻。

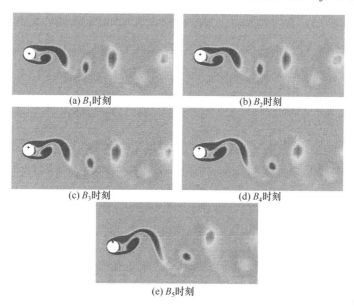

(a) B_1时刻　　　　　　　　　　　　　　　(b) B_2时刻

(c) B_3时刻　　　　　　　　　　　　　　　(d) B_4时刻

(e) B_5时刻

图 2.30　振动过程中(K=0.2)的流场涡量变化

　　振荡过程中(K=0.2)，涡生升阻力相图 $C_{dF} \sim C_{lF}$ 如图 2.31 所示。$A_1B_1C_1D_1A_1$ 对应固定圆柱的升阻力相图，由于圆柱振荡，相图发生类似于图 2.18 的反转、旋转

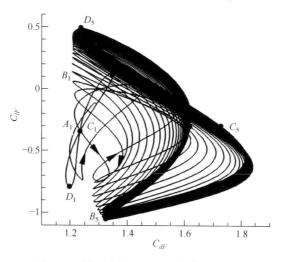

图 2.31　振动过程中(K=0.2)的升阻力相图

和延伸，A 与 C 分离，打破曲线的镜像对称，直至振荡达到稳定，A、C 不再重合，对应相图 $A_5B_5C_5D_5A_5$。

F_0 随剪切度 K 的变化如图 2.32 所示。剪切来流导致升力振荡加剧，振幅增大，因此 F_0 随着剪切度 K 的增大而增大。

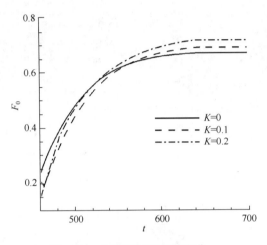

图 2.32　F_0 随剪切度 K 的变化

相位角 ϕ_1 随剪切度 K 的变化如图 2.33 所示。可以看出，开始振荡时，ϕ_1 随着剪切度的增大而增大，随着振荡进入稳定，ϕ_1 随着剪切度的增大而减小。

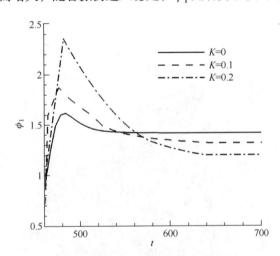

图 2.33　相位角 ϕ_1 随剪切度 K 的变化

附加质量 Δm 随剪切度 K 的变化如图 2.34 所示。可以看出，开始振荡时，Δm 随着剪切度的增大而减小，随着振荡进入稳定，Δm 随着剪切度的增大而增大。

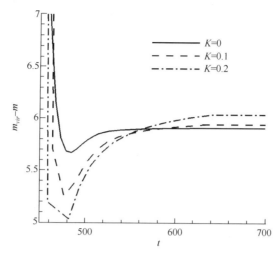

图 2.34 附加质量 Δm 随剪切度 K 的变化

2.6 本 章 小 结

本章将坐标系建立在运动的圆柱上，在指数极坐标系中，推导剪切来流圆柱绕流的涡量-流函数守恒方程及其初始和边界条件；作用于圆柱表面的水动力表达式；圆柱振荡方程。其中，水动力由涡生力、惯性力和黏性阻尼力三项组成。圆柱虚拟质量由圆柱质量、惯性附加质量和黏性附加质量三项组成。该方程经严格数学推导，是当前最为完整的封闭方程，可以为剪切来流涡生振荡的数值讨论提供基础。

基于数值计算，本章讨论稳定状态的涡生振荡系统的周期变化规律，包括尾涡流场、振荡圆柱、附加质量，以及圆柱表面的水动力、前滞止点和后分离点。为从不同角度讨论流-固耦合的动力学问题，水动力被分解为压力和剪应力，或分解为升力和阻力，同时分解为与圆柱加速度同相位和不同相位的力。

通过振荡周期中四个典型时刻的尾涡、圆柱表面的水动力分布和升阻力相图、圆柱的位移，本章还讨论和揭示流-固耦合机理。其间有三种因素影响其耦合过程：一是涡的周期脱落，主导涡的拉拽会使圆柱一侧的剪切层增强；二是剪切来流，由此产生的背景涡使圆柱一侧的涡增强，另一侧的涡减弱，并使前滞止点向一侧漂移；三是圆柱因为振荡，会排挤一侧流体，抽吸另一侧流体。这三种因素决定了剪切来流涡生振荡特有的变化特性，以及能量传递和流固耦合过程。

圆柱从静止开始振荡时，最终会发展为稳定涡生振荡状态。本章还对涡生振荡的发展过程进行计算和讨论，描述脱体涡街的发展过程，升阻力相图的连续变形和漂移，圆柱振荡和平衡位置的变化过程，以及相位差、附加质量和同相位力的变化过程。

第 3 章　剪切来流涡生振荡的电磁控制

黏性剪切来流在钝体表面形成边界层，在下游形成脱体涡街。这会使运动体阻力增大，升力改变 (当剪切度 $K > 0$ 时，产生方向向下的附加升力，从而导致失速现象)，并导致钝体振动，甚至失稳、变形、损坏。这往往不是人们期望的。

通过控制边界层内的流动，可以抑制流体的脱体，改变流-固间的耦合状态，达到减阻、增升、减振的目的。流动控制的方法有很多，对圆柱绕流而言，可以通过带狭缝的板、二次圆柱、旋转圆柱、声波干扰、狭缝吹吸，以及热效应等来控制边界流动。此外，流场内形成作用于流体质点的附加力场可以改变流体的运动状态，如电磁力控制和等离子控制，也是颇受关注的流动控制方法。

无论从科学研究层面，还是实验技术开发层面来讲，流动的电磁控制是值得关注的。这有助于进一步深化绕流控制机理，相应的实验也相对简单，因此是一个可以通过实验、计算和理论分析相结合的研究思路，可以在更深层次上探讨流动控制问题。

流动的电磁控制是一种主动控制，即需要向流场输入能量。此类控制常分为开环控制和闭环控制。前者的控制强度与流场的变化无关，后者随流场的变化而变化，是一种节能高效的反馈式控制。

长期以来，人们一直认为，电磁力作用于流体质点，可增加其动量和抗逆压梯度的能力，从而抑制流动分离，减少阻力。该结论并不准确，事实上，单就改造流场而言，电磁力是增阻的。本章将电磁力分为场电磁力和壁面电磁力，对电磁力的消涡、减阻、增升和减振机理进行研究，讨论以减阻增升减振为目的的剪切来流涡生振荡的电磁控制。对于此类现象的控制，过去很少有人研究。

3.1　电　磁　力

根据安培定律，运动的带电粒子在磁场中受力，用矢量式可表示为

$$f = qu \times B \tag{3.1}$$

其中，q 为粒子所带电荷，其正负取决于电荷的正负；u 为粒子运动速度；B 为磁感应强度；f 为磁场对运动电荷的作用力，即洛仑兹力，又称为电磁力，其方向垂直于 u 和 B 决定的平面。

在电磁场中，电解质溶液也会受到电磁力的作用，即

$$F^* = J \times B \tag{3.2}$$

其中，F^* 为洛仑兹力；J 为电流密度，满足欧姆定律，即

$$J = \sigma(E + u \times B) \tag{3.3}$$

式中，σ 为流体电导率；E 为电场强度；u 为流动速度矢量；B 为磁感应强度。

于是

$$F^* = \sigma(E \times B) + \sigma(u \times B) \times B \tag{3.4}$$

因此，洛仑兹力可以分为两部分，一部分来自磁场(方程右端第二项)，另一部分来自电场与磁场(方程右端第一项)。对于强电解质溶液，如液态金属、熔融半导体等，其电导率较高(约 $10^6 \mathrm{S/m}$)。磁场形成的洛仑兹力可以影响流体的流动。此时不需要外电场。对于弱电解质溶液，同时需要外加的电场和磁场，方程右端第二项可忽略[106]，因此可得

$$F^* = \sigma(E \times B) \tag{3.5}$$

由电磁场的 Maxwell 方程组，可得

$$\nabla \times E = -\frac{\partial B}{\partial t}, \quad \nabla \times B = \mu_0 J, \quad \nabla \cdot B = 0, \quad \nabla \cdot E = \frac{\rho_e}{\varepsilon_0} \tag{3.6}$$

其中，μ_0 为磁导率；ε_0 为介电常数；ρ_e 为电荷密度。

对于弱导电的电解质，可以认为 $\rho_e = 0$，磁场强度和电场强度不随时间变化，所以有

$$\nabla \times E = 0, \quad \nabla \cdot E = 0, \quad \nabla \times B = 0, \quad \nabla \cdot B = 0 \tag{3.7}$$

因此，电场和磁场可以分别用势函数 U 和 Φ 来描述。由 $E = -\nabla U$ 和 $B = -\nabla \Phi$，则 $\nabla \cdot E = 0$，$\nabla \cdot B = 0$ 可化简为两个 Laplace 方程，即

$$\nabla^2 U = 0, \quad \nabla^2 \Phi = 0 \tag{3.8}$$

此时，电场和磁场已经解耦，皆用满足 Laplace 方程的位函数来描述，且具有类似的边界条件。导体表面采用 Dirighlet 条件，非导体表面则采用 Neumann 条件。

为了控制涡生振荡,圆柱表面包覆由电极条和磁极条相间排列的电磁激活板。电磁控制原理图如图 3.1 所示。将该圆柱按图 3.1 所示方向置于流动的弱电解质溶液中，圆柱表面附近将形成电磁力场。由右手定则可知，电磁力的方向与流体流动方向一致。流体在电磁力的作用下加速，边界层的结构因此改变。显然，电磁激活板生成的电磁力可以控制边界层的流动。

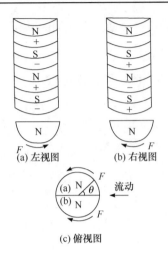

(a) 左视图　　　(b) 右视图

(c) 俯视图

图 3.1　电磁控制原理图

在柱坐标下，式(3.8)对应的 Laplace 方程可以写为

$$\frac{\partial^2 U}{\partial r^2} + \frac{1}{r}\frac{\partial U}{\partial r} + \frac{\partial^2 U}{\partial z^2} = 0, \quad \frac{\partial^2 \Phi}{\partial r^2} + \frac{1}{r}\frac{\partial \Phi}{\partial r} + \frac{\partial^2 \Phi}{\partial z^2} = 0 \tag{3.9}$$

其中，U 为电势；Φ 为磁势。

此时，由于电磁场不受流动的影响，求解可得圆柱表面的电磁力分布(图 3.2)。可以看出，圆柱周围圆筒形区域的电磁力分布不均，但沿法向截面(z-r)的分布相同。电磁力在法向(r 方向)呈指数衰减，在轴向(z 方向)周期性变化，并且在磁极与电极交界处最强，在磁极和电极的中间位置最弱。

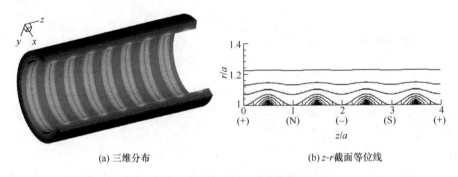

(a) 三维分布　　　　　　　　　　(b) z-r截面等位线

图 3.2　圆柱表面的电磁力分布

对于二维情况，电磁力沿轴向平均后，F 的无量纲形式[36,37]可以表示为

$$F^* = NF \tag{3.10}$$

则有

$$F_r = 0 \tag{3.11}$$

$$F_\theta = \mathrm{e}^{-\alpha(r-1)} g(\theta), \quad g(\theta) = \begin{cases} 1, & \text{上表面} \\ -1, & \text{下表面} \\ 0, & \text{其他} \end{cases} \tag{3.12}$$

其中，r 和 θ 为极坐标；下标 r 和 θ 分别表示沿 r 和 θ 方向的分量；α 为电磁力在流体中的渗透深度；作用参数定义为 $N = \dfrac{J_0 B_0 a}{\rho u_\infty^2}$，$J_0$ 和 B_0 分别表示电场和磁场强度。

由此可以看出，电磁力不受流场变化的影响，独立于流场存在。因此，电磁场中的流动守恒方程的无量纲形式为

$$\frac{\partial V}{\partial t} + (V \cdot \nabla)V = -\nabla P + \frac{2}{Re}\nabla^2 V + NF \tag{3.13}$$

$$\nabla \cdot V = 0 \tag{3.14}$$

3.2 流动守恒方程

将表面包覆电磁激励板的圆柱(图 3.1)置于流动的弱电解质溶液中，由式(3.10)~式(3.14)可得指数极坐标 (ξ, η) 下（$r = \mathrm{e}^{2\pi\xi}$，$\theta = 2\pi\eta$），二维流动的无量纲形式的涡量-流函数方程，即

$$
\begin{aligned}
& H\frac{\partial \Omega}{\partial t} + \frac{\partial(U_r\Omega)}{\partial \xi} + \frac{\partial(U_\theta\Omega)}{\partial \eta} \\
& = \frac{2}{Re}\left(\frac{\partial^2 \Omega}{\partial \xi^2} + \frac{\partial^2 \Omega}{\partial \eta^2}\right) + N H^{\frac{1}{2}}\left(\frac{\partial F_\theta}{\partial \xi} + 2\pi F_\theta - \frac{\partial F_r}{\partial \eta}\right)
\end{aligned} \tag{3.15}
$$

$$\frac{\partial^2 \psi}{\partial \xi^2} + \frac{\partial^2 \psi}{\partial \eta^2} = -H\Omega \tag{3.16}$$

值得注意的是，电磁力不受流动的影响，独立于流动；电磁力分为壁面电磁力 $F_\theta|_{\xi=0}$ 和流场电磁力 $F_\theta|_{\xi>0}$。由于黏性流体在壁面无滑移，因此壁面电磁力不能改变流场和流场的边界条件，仅作用于圆柱的表面，改变圆柱的受力状态。流场电磁力则作为源项出现在守恒方程中，可以改变边界层附近的流场，进而改变圆柱表面的水动力。

3.3　圆柱表面水动力

3.3.1　剪应力与压力

圆柱受到流体的力，由剪应力和压力两部分组成，即

$$C_F^\theta = \frac{F^{\theta*}}{\frac{1}{2}\rho^* u_\infty^{*2}} = \sqrt{\left(C_\tau^\theta\right)^2 + \left(C_p^\theta\right)^2}$$

其中，C_τ^θ 和 C_p^θ 分别为剪应力和压力。

剪应力

$$C_\tau^\theta = \frac{\tau_{r\theta}^*}{\frac{1}{2}\rho^* u_\infty^{*2}} = C_{\tau F}^\theta + C_{\tau V}^\theta \tag{3.17}$$

其中，$C_{\tau F}^\theta = \frac{4}{Re}\Omega$ ；$C_{\tau V}^\theta = \frac{4}{Re}\frac{\mathrm{d}l(t)}{\mathrm{d}t}\cos(2\pi\eta)$ 。

显然，电磁力通过改变流场和圆柱的运动状态来改变圆柱表面的剪应力，但并未直接出现在剪应力方程中。

压力分布系数 C_p^θ 为

$$C_p^\theta = \frac{F_p^{*\theta}}{\frac{1}{2}\rho^* u_\infty^{*2}} = \frac{p_\theta^* - p_\infty^*}{\frac{1}{2}\rho^* u_\infty^{*2}} = P_\theta - P_\infty \tag{3.18}$$

由于电磁力仅存在切向分量，因此运动坐标系下的动量方程为

$$\frac{\partial P}{\partial \xi} = -2H^{1/2}\frac{\partial u_r}{\partial t} - 2u_r\frac{\partial u_r}{\partial \xi} - 2u_\theta\frac{\partial u_r}{\partial \eta} + 4\pi u_\theta^2$$

$$- \frac{4}{Re}\frac{\partial \Omega}{\partial \eta} - 4H^{1/2}\frac{\mathrm{d}^2 l(t)}{\mathrm{d}t^2}\sin(2\pi\eta) \tag{3.19}$$

$$\frac{\partial P}{\partial \eta} = -2H^{1/2}\frac{\partial u_\theta}{\partial t} - 2u_r\frac{\partial u_\theta}{\partial \xi} - 2u_\theta\frac{\partial u_\theta}{\partial \eta} + 4\pi u_r u_\theta + \frac{4}{Re}\frac{\partial \Omega}{\partial \xi}$$

$$+ 4\pi NF_\theta - 4H^{1/2}\frac{\mathrm{d}^2 l(t)}{\mathrm{d}t^2}\cos(2\pi\eta) \tag{3.20}$$

圆柱表面有

$$\frac{\partial P}{\partial \xi} = -\frac{4}{Re}\frac{\partial \Omega}{\partial \eta} - 8\pi \frac{\mathrm{d}^2 l(t)}{\mathrm{d}t^2}\sin(2\pi\eta)_{\xi=0} \tag{3.21}$$

$$\frac{\partial P}{\partial \eta} = \frac{4}{Re}\frac{\partial \Omega}{\partial \xi} + 4\pi N F_\theta - 8\pi \frac{\mathrm{d}^2 l(t)}{\mathrm{d}t^2}\cos(2\pi\eta)_{\xi=0} \tag{3.22}$$

沿着 η 方向，从 $\eta = 0$ 到 η 对式(3.22)积分，可得

$$P_\theta - P_0 = \frac{4}{Re}\int_0^\eta \frac{\partial \Omega}{\partial \xi}\mathrm{d}\eta + 4\pi N \int_0^\eta F_\theta\big|_{\xi=0}\,\mathrm{d}\eta - 4\frac{\mathrm{d}^2 l(t)}{\mathrm{d}t^2}\sin(2\pi\eta) \tag{3.23}$$

沿着 ξ 方向($\eta = 0$)从 $\xi = 0$ 到 ∞ 对式(3.19)积分，可得

$$P_\infty - P_0 = -4\pi\int_0^\infty \frac{\partial u_r}{\partial t}\mathrm{e}^{2\pi\xi}\mathrm{d}\xi - 1 - 2\int_0^\infty u_\theta \frac{\partial u_r}{\partial \eta}\mathrm{d}\xi + 4\pi\int_0^\infty u_\theta^2\mathrm{d}\xi - \frac{4}{Re}\int_0^\infty \frac{\partial \Omega}{\partial \eta}\mathrm{d}\xi \tag{3.24}$$

因此，有

$$\mathcal{C}_p^\theta = P_\theta - P_\infty = \mathcal{C}_{pF}^\theta + \mathcal{C}_{pL}^\theta + \mathcal{C}_{pV}^\theta \tag{3.25}$$

其中

$$\mathcal{C}_{pF}^\theta = \frac{4}{Re}\int_0^\eta \frac{\partial \Omega}{\partial \xi}\mathrm{d}\eta + \mathcal{C}_p^0 \tag{3.26}$$

$$\mathcal{C}_p^0 = 1 + 4\pi\int_0^\infty \frac{\partial u_r}{\partial t}\mathrm{e}^{2\pi\xi}\mathrm{d}\xi + 2\int_0^\infty u_\theta \frac{\partial u_r}{\partial \eta}\mathrm{d}\xi - 4\pi\int_0^\infty u_\theta^2\mathrm{d}\xi + \frac{4}{Re}\int_0^\infty \frac{\partial \Omega}{\partial \eta}\mathrm{d}\xi \tag{3.27}$$

$$\mathcal{C}_{pL}^\theta = 4\pi N\int_0^\eta F_\theta\big|_{\xi=0}\,\mathrm{d}\eta \tag{3.28}$$

$$\mathcal{C}_{pV}^\theta = -4\frac{\mathrm{d}^2 l(t)}{\mathrm{d}t^2}\sin(2\pi\eta) \tag{3.29}$$

此时，压力 $\mathcal{C}_p^\theta$ 由涡生力 $\mathcal{C}_{pF}^\theta$、惯性力 $\mathcal{C}_{pV}^\theta$ 和电磁压力(壁面电磁力形成的压力) $\mathcal{C}_{pL}^\theta$ 组成，其中涡生力受场电磁力的影响。

3.3.2　阻力和升力

阻力分布函数为

$$\mathcal{C}_d^\theta = \mathcal{C}_p^\theta \cos\theta + \mathcal{C}_\tau^\theta \sin\theta = \mathcal{C}_{dF}^\theta + \mathcal{C}_{dL}^\theta \tag{3.30}$$

其中，dF 表示涡生阻力(受场电磁力的影响)；dL 表示壁电磁力诱导的阻力(电磁

推力)。

此值仅与壁面电磁力有关，而与流动无关，即

$$\mathcal{C}_{dF}^{\theta} = \mathcal{C}_{pF}^{\theta} \cos\theta + \mathcal{C}_{\tau}^{\theta} \sin\theta \qquad (3.31)$$

$$\mathcal{C}_{dL}^{\theta} = \mathcal{C}_{pL}^{\theta} \cos\theta = 4\pi N \cos\theta \int_0^{\eta} F_{\theta} \mathrm{d}\eta \qquad (3.32)$$

垂直方向的分量称为升力。升力分布函数记作 $\mathcal{C}_l^{\theta}$ ，即

$$\mathcal{C}_l^{\theta} = \mathcal{C}_p^{\theta} \sin\theta + \mathcal{C}_{\tau}^{\theta} \cos\theta = \mathcal{C}_{lF}^{\theta} + \mathcal{C}_{lL}^{\theta} \qquad (3.33)$$

其中，lF 表示涡生的升力；lL 表示壁电磁力诱导的升力，此值与流动无关，即

$$\mathcal{C}_{lF}^{\theta} = \mathcal{C}_{pF}^{\theta} \sin\theta + \mathcal{C}_{\tau}^{\theta} \cos\theta \qquad (3.34)$$

$$\mathcal{C}_{lL}^{\theta} = \mathcal{C}_{pL}^{\theta} \sin\theta = 4\pi N \sin\theta \int_0^{\eta} F_{\theta} \mathrm{d}\eta \qquad (3.35)$$

总阻力 C_d 为

$$C_d = \int_0^{2\pi} \mathcal{C}_d^{\theta} \mathrm{d}\theta = C_{dF} + C_{dL} \qquad (3.36)$$

其中

$$C_{dF} = \frac{2}{Re} \int_0^1 \left(2\pi\Omega - \frac{\partial\Omega}{\partial\xi} \right) \sin(2\pi\eta) \mathrm{d}\eta \qquad (3.37)$$

$$C_{dL} = -2\pi N \int_0^1 F_{\theta}\big|_{\xi=0} \sin(2\pi\eta) \mathrm{d}\eta \qquad (3.38)$$

总升力 C_l 为

$$C_l = \int_0^{2\pi} \mathcal{C}_l^{\theta} \mathrm{d}\theta = C_{lF} + C_{lL} - 4\pi \frac{\mathrm{d}^2 l}{\mathrm{d}t^2} - \frac{4\pi}{Re} \frac{\mathrm{d}l}{\mathrm{d}t} \qquad (3.39)$$

其中

$$C_{lF} = \frac{2}{Re} \int_0^1 \left(2\pi\Omega - \frac{\partial\Omega}{\partial\xi} \right) \cos(2\pi\eta) \mathrm{d}\eta \qquad (3.40)$$

$$C_{lL} = -2\pi N \int_0^1 F_{\theta}\big|_{\xi=0} \cos(2\pi\eta) \mathrm{d}\eta \qquad (3.41)$$

显然，式(3.39)中作用于圆柱的升力由四部分组成，方程右侧第一项 C_{lF} 为涡生力，与圆柱表面的涡量和涡通量有关，受场电磁力的影响；第二项 C_{lL} 为电磁升力，仅与壁面电磁力有关，与流动无关；第三项为惯性力，与圆柱的加速度有关；第四项为黏性阻尼力，与 Re 和圆柱的运动速度有关。后三项均与流场的变化无关。

3.4　圆柱运动方程

无量纲的圆柱运动方程为

$$m\frac{\mathrm{d}^2l}{\mathrm{d}t^2} + \varsigma\frac{\mathrm{d}l}{\mathrm{d}t} + m_{vir}\left(\frac{\omega_n}{\omega}\right)^2\omega^2 l = F \tag{3.42}$$

其中

$$F = \frac{C_l}{\pi} = \frac{C_{lF}}{\pi} + \frac{C_{lL}}{\pi} - 4\frac{\mathrm{d}^2l}{\mathrm{d}t^2} - \frac{4}{Re}\frac{\mathrm{d}l}{\mathrm{d}t} \tag{3.43}$$

其他关于相位差、附加质量，以及能量传递的方程皆与 2.3 节相同。

3.5　数 值 方 法

数值计算时，动量方程(3.15)采用 ADI 格式，流函数方程(3.16)采用 FFT 格式，圆柱运动方程(3.42) 采用 Runge-Kutta 法。计算空间步长 $\Delta\xi = 0.004$、$\Delta\eta = 0.002$，时间 $\Delta t = 0.005$。计算中的输入参数与第 2 章相同，包括流体的密度 $\rho = 1.0\times10^3\,\mathrm{kg/m^3}$，运动黏度 $\nu = 1.0\times10^{-6}\,\mathrm{m^2/s}$，自由来流速度 $u_\infty = 7.5\times10^{-3}\,\mathrm{m/s}$，圆柱半径 $a = 1.0\times10^{-2}\,\mathrm{m}$ ($Re = \dfrac{2u_\infty a}{\nu} = 150$)，圆柱密度 $\rho_{cyl} = 2.6\pi\times10^3\,\mathrm{kg/m^3}$，结构阻尼 $C = 0$。剪切度 K 和反映电磁力强度的作用参数 N 皆为独立输入变量。

3.6　结果与讨论

3.6.1　电磁力的减阻机理

在平行于圆柱壁面的电磁力作用下，边界层的流体被加速。流体动量增加，使流体克服流场中压力梯度反转的能力增加，抑制流体在圆柱表面的脱体分离。本节以对称电磁力控制固定圆柱的绕流为例。图 3.3 所示为不同强度电磁力作用下的圆柱绕流计算结果。无电磁力作用，即 $N = 0$ 时，绕流流场显示出典型的卡门涡街的特征。当 $N=0.7$ 时，脱体受到一定程度的抑制，脱体涡向下游的运动速度加快，卡门涡街几近消失。同时，在近壁尾流区，出现驻定的涡对，上涡为负，下涡为正，称为二次涡。如果电磁力强度进一步增大，如 $N=2$ 时，脱体完全被抑制，流场定常，不再振荡。

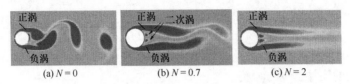

(a) $N=0$ 　　　　　　(b) $N=0.7$ 　　　　　　(c) $N=2$

图 3.3　不同强度电磁力作用下的圆柱绕流

在不同强度的电磁力作用下，A 时刻壁面剪应力 $\mathcal{C}_\tau^\theta$ 在圆柱表面的分布如图 3.4 所示。电磁力使壁面剪应力的绝对值增加，电磁力越大，增幅越大。此外，电磁力还使分布曲线趋于中心点$(180°,0°)$对称。

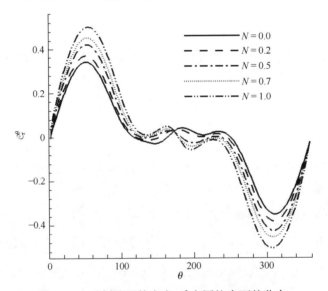

图 3.4　A 时刻壁面剪应力 $\mathcal{C}_\tau^\theta$ 在圆柱表面的分布

圆柱的壁面压力包含两部分，即涡生压力 $\mathcal{C}_{pF}^\theta$ 和电磁压力 $\mathcal{C}_{pL}^\theta$。图 3.5 为 A 时刻，不同电磁力作用下，涡生压力 $\mathcal{C}_{pF}^\theta$ 在圆柱表面的分布。电磁力的作用使 $\mathcal{C}_{pF}^\theta$ 曲线下移，移动幅度随电磁力的增加而增加。这表明，圆柱迎风面与背风面的压力差随电磁力的增大而增大，即圆柱所受的涡生阻力随着电磁力的增大而增大。此外，随着电磁力的增加，分布曲线趋于 $\theta=180°$ 对称。因此，圆柱所受的涡生升力随着电磁力的增大而减小。

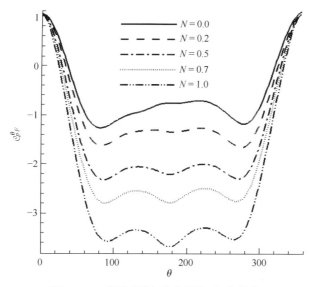

图 3.5　A 时刻不同电磁力的壁面 $\mathcal{C}_{pF}^{\theta}$ 分布

图 3.6 所示为不同电磁力作用下，壁面 $\mathcal{C}_{pL}^{\theta}$ 在分布图。与图 3.5 不同，该图中的所有曲线皆处于正值区域，且关于 $\theta=180°$ 对称，在 $\theta=180°$ 处取最大值。这些曲线随电磁力的增加而上移。显然，独立于流动的不随时间变化的电磁压力在圆柱表面产生推力，其值随电磁力强度的增大而增大。电磁力对称时，壁电磁力对圆柱的升力没有影响。

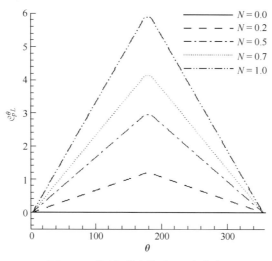

图 3.6　不同电磁力的壁面 $\mathcal{C}_{pL}^{\theta}$ 分布

在不同电磁力作用下，A 时刻涡生阻力 $\mathcal{C}_{dF}^{\theta}$ 在圆柱表面的分布如图 3.7 所示。

随着电磁力增加，迎风面的 $\mathcal{C}_{dF}^{\theta}$ 减小，背风面的 $\mathcal{C}_{dF}^{\theta}$ 增加，但背风面的增阻效应占优，因此在电磁力作用下，总涡升阻力增加。

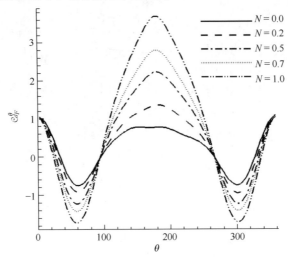

图 3.7　A 时刻涡生阻力 $\mathcal{C}_{dF}^{\theta}$ 在圆柱表面的分布

电磁力的壁面 $\mathcal{C}_{dL}^{\theta}$ 的分布如图 3.8 所示。在迎风面，$\mathcal{C}_{dL}^{\theta}$ 为正，是阻力；背风面为负，是推力。分布曲线的变化幅度随电磁力强度的增加而增加。背风面的减阻效应始终占优，因此壁电磁力具有减阻功能。

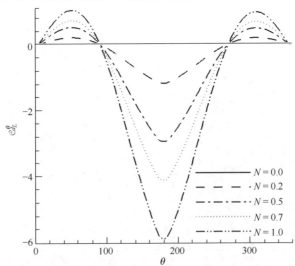

图 3.8　不同电磁力的壁面 $\mathcal{C}_{dL}^{\theta}$ 的分布

总阻力 C_d 是总涡生阻力 C_{dF} 和总电磁阻力 C_{dL} 之和。图 3.9 所示为阻力 C_d、C_{dF}、C_{dL} 随电磁力强度 N 的变化图。由此可见，随着电磁力的增加，C_{dF} 增加，

C_{dL} 减少。由于 C_{dL} 减少幅度大于 C_{dF} 增加幅度,因此总阻力减少。总阻力为负时,圆柱受到推力的作用。

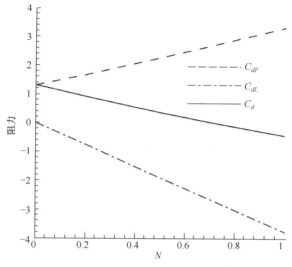

图 3.9　阻力 C_d、C_{dF} 和 C_{dL} 随电磁力强度 N 的变化

电磁控制下的升阻力相图如图 3.10 所示。由此可见,电磁力使相图萎缩,电磁力越大,萎缩越厉害。这说明,对称电磁力可以抑制旋涡脱体,以及由其导致的升阻力振荡。此外,相图随电磁力的增大,沿 $C_l = 0$ 轴向左,即 C_d 减小的方向漂移。这说明,电磁力可以减阻。对于对称电磁力,其平均升力始终为零。

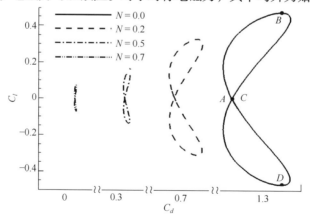

图 3.10　电磁控制下的升阻力相图

长期以来,人们一直认为,电磁力具有抑制流体分离的功能,因此可以减阻。上述研究表明,电磁力分为场电磁和壁面电磁力。只有场电磁力具有抑制流体分离的功能,但它使阻力增加。壁面电磁力对流场没有任何影响,但可以产生推

力，因此电磁减阻可完全归因于壁面电磁力的作用。

3.6.2 电磁力的增升机理

仅在圆柱一侧包覆电磁激励板，可形成单边电磁力。设上壁面包覆电磁板（ $N=1$ ），圆柱绕流的周期变化如图 3.11 所示。在电磁力作用下，上侧流体被加速，壁面涡量增加，分离点后移，与圆柱相连的脱体剪切层被拉长。

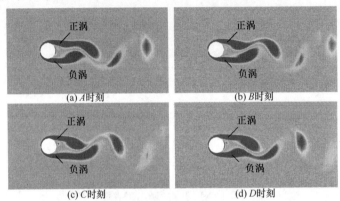

图 3.11　上侧电磁力作用下圆柱绕流的周期变化

在不同强度的上侧电磁力作用下，A 时刻壁面剪应力 $\mathcal{C}_\tau^\theta$ 在圆柱表面的分布如图 3.12 所示。上侧电磁力使上侧壁面剪应力增强。电磁力越大，强度越大。下侧剪应力略有减小。

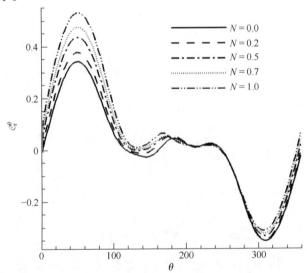

图 3.12　A 时刻壁面剪应力 $\mathcal{C}_\tau^\theta$ 在圆柱表面的分布

在不同强度的上侧电磁力作用下，A 时刻涡生压力 $\mathcal{C}_{pF}^{\theta}$ 在圆柱表面的分布如图 3.13 所示。电磁力的作用使 $\mathcal{C}_{pF}^{\theta}$ 曲线下移，且下侧压力低于上侧压力，变化幅度随电磁力的增加而增加。

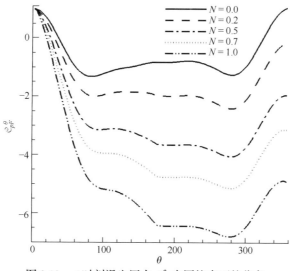

图 3.13　A 时刻涡生压力 $\mathcal{C}_{pF}^{\theta}$ 在圆柱表面的分布

在不同强度的上侧电磁力作用下，电磁压力 $\mathcal{C}_{pL}^{\theta}$ 在圆柱表面的分布如图 3.14 所示。下侧的压力明显高于上侧，变化幅度随电磁力的增加而增加。

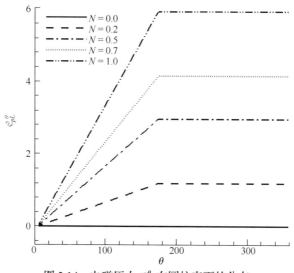

图 3.14　电磁压力 $\mathcal{C}_{pL}^{\theta}$ 在圆柱表面的分布

在不同强度的上侧电磁力作用下，A 时刻涡生升力 $\mathcal{C}_{lF}^{\theta}$ 在圆柱表面的分布如图 3.15 所示。上侧升力向上，下侧升力向下，其绝对值皆随电磁力的增加而增加。下侧升力大于上侧，因此涡生升力 c_{lF} 方向向下。

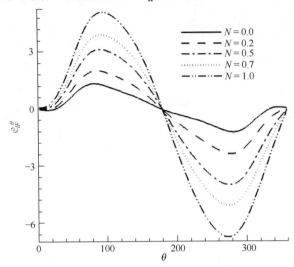

图 3.15　A 时刻涡生升力 c_{lF}^{θ} 在圆柱表面的分布

在不同强度的单边电磁力作用下，电磁升力 c_{lL}^{θ} 在圆柱表面的分布如图 3.16 所示。显然，上侧升力向下，下侧升力向上。下侧的升力大于上侧，因此电磁升力 c_{lL} 方向向上。

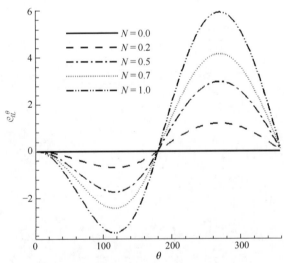

图 3.16　电磁升力 c_{lL}^{θ} 在圆柱表面的分布

总升力 C_l 是总涡生升力 C_{lF} 和总电磁升力 C_{lL} 之和。图 3.17 所示为升力 C_l、

C_{lF} 和 C_{lL} 随电磁力强度 N 的变化图。由此可见，随着上侧电磁力的增加，C_{lF} 减小，C_{lL} 增加。由于 C_{lL} 增加幅度大于 C_{lF} 减小幅度，因此总升力 C_l 增大(方向向上)。

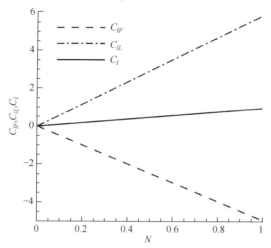

图 3.17　升力 C_l、C_{lF} 和 C_{lL} 随电磁力强度的变化图

　　升阻力相图随上侧电磁力强度的变化如图 3.18 所示。由此可见，电磁力使相图萎缩，而上半分支萎缩得更加厉害。电磁力越大，萎缩越厉害。这说明，单边电磁力也可以抑制升阻力振荡。此外，相图随电磁力的增大，升阻力向图的左上方漂移。这说明，上侧电磁力可以增升减阻。

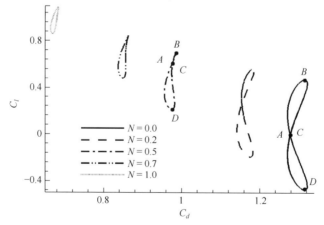

图 3.18　升阻力相图随上侧电磁力强度的变化

3.6.3　电磁力的减振机理

　　涡的周期脱落产生振荡升力，从而使圆柱振荡，称为涡生振荡。对称电磁力可以增加边界层流体的动量，抑制圆柱两侧流体的分离和脱体，减小脱体导致的

升力振荡，从而抑制圆柱的振荡。

在电磁力作用下，涡生振荡流场的周期变化如图 3.19 所示。其中，"+"表示振荡圆柱的平衡位置。图 3.19(a)未加电磁力，其图像与图 2.8 一致。电磁力作用下的涡量分布如图 3.19(b)所示。流动分离得到抑制，尾流涡被拉长，涡距沿流向变大，沿横向变小。圆柱振荡也因此得到抑制，振幅减小。当电磁力足够大时，流场对称且定常，尾涡被消除，振荡被完全抑制，圆柱静止，如图 3.19(c)所示。

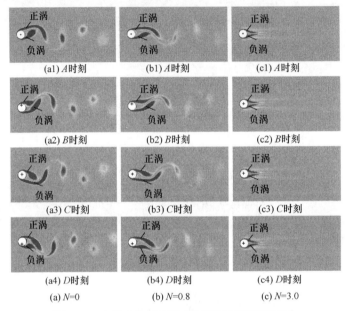

图 3.19　电磁力作用下涡生振荡流场的周期变化

在不同强度的对称电磁力作用下，剪应力 c_τ^θ 的分布如图 3.20 所示。电磁力使壁面剪应力的强度增加，电磁力越大，壁面剪应力的强度越大。此外，随着电磁力的增加，分布曲线的周期性漂移减弱，且趋于中心点(180°,0°) 对称。

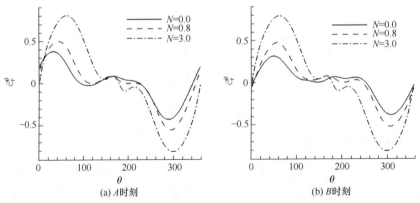

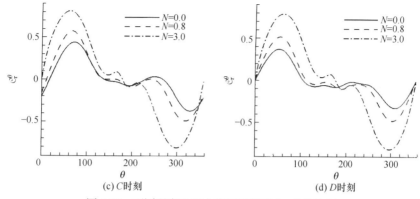

图 3.20　不同强度电磁力作用下剪应力 c_τ^θ 的分布

如上所述，电磁力对称时，壁电磁力的作用效果是产生推力来减阻，对升力没有影响。在场电磁力作用下，涡生压力 c_{pF}^θ 在圆柱表面的分布如图 3.21 所示。电磁力使圆柱背风面的压力明显减小，导致阻力增加。此外，压力曲线也逐渐趋于对称，导致升力振荡减小。电磁力较弱时，涡生振荡的流场基本特性仍然存在。电磁力足够大时，如图中 $N=3$ 时，压力曲线完全对称，升力为零，从而使圆柱静止。

在不同强度的电磁力作用下，惯性力 c_{pV}^θ 在圆柱表面的分布如图 3.22 所示。由于在 A 和 C 时刻，圆柱处在平衡位置，加速度 $\dfrac{\mathrm{d}^2 l(t)}{\mathrm{d}t^2}$ 为零，因此 c_{pV}^θ 也为零。在 B、D 时刻，圆柱在最大位移处，加速度最大，c_{pV}^θ 取极值(如 $N=0$ 所示)。电磁力 $N=0.8$ 时，圆柱振动减弱，最大加速度减小，c_{pV}^θ 的极值也减小。电磁力足够大时($N=3.0$)，振荡完全被抑制，加速度 $\dfrac{\mathrm{d}^2 l(t)}{\mathrm{d}t^2}$ 为零，惯性力消失。

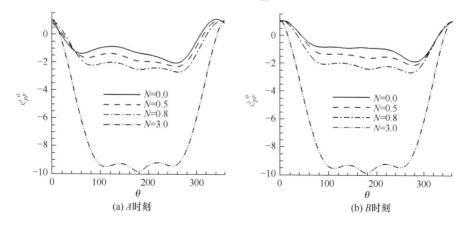

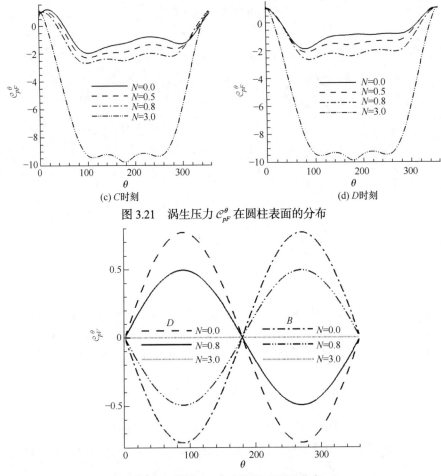

(c) C时刻

(d) D时刻

图 3.21　涡生压力 $\mathcal{C}_{pF}^{\theta}$ 在圆柱表面的分布

图 3.22　惯性力 $\mathcal{C}_{pV}^{\theta}$ 在圆柱表面的分布

对称电磁力的作用下，稳定状态时，振荡圆柱的涡生升阻力 $C_{dF} \sim C_{lF}$ 相图如图 3.23 所示。可以看出，电磁力使相图曲线萎缩，表示升阻力的振荡幅度减弱；

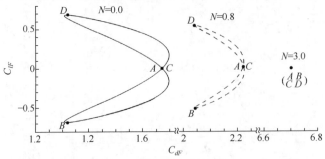

图 3.23　不同强度电磁力作用下的升阻力 $C_{dF} \sim C_{lF}$ 相图

曲线向右侧漂移，表示涡生阻力增大。电磁力足够大时(N=3)，曲线萎缩成一点，表示升阻力的振荡完全被消除，升力为零，涡生阻力最大。如果考虑壁面电磁力产生的推力，总阻力是减少的。

　　在电磁力作用下，涡生振荡得到抑制，最终以较小振幅稳定振荡。其大小与电磁力强度有关。图 3.24 所示为圆柱的振幅随电磁力作用参数 N 的变化。圆柱振幅随 N 的增大而减小，当 N 足够大时，振荡被完全抑制，圆柱静止。

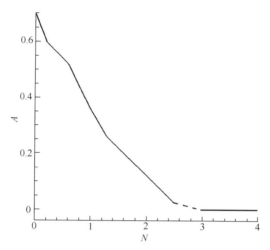

图 3.24　圆柱的振幅随电磁力作用参数 N 的变化

　　以上讨论的是，对称电磁力作用下涡生振荡再次趋于稳定后，相关流场和水动力的特征。实际上，对于充分发展的涡生振荡圆柱，在电磁力加载后，流场和圆柱都会经历一段非定常的发展过程，最终达到新的稳定状态。涡生振荡发展和电磁力抑制过程中圆柱的位移变化如图 3.25 所示。在 $t_1 = 446$ 时刻，解除横向约束，圆柱开始振荡，振幅逐渐增大。在 $t = 620$ 时刻，达到稳定状态，振幅不再变化。该时段的位移曲线与图 2.15 相同。在 $t_2 = 650$ 时刻，加载电磁力。在电磁力

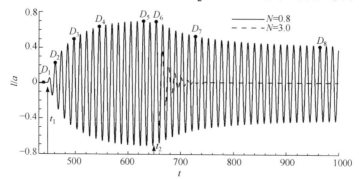

图 3.25　涡生振荡发展和电磁力抑制过程中圆柱的位移变化

作用下，圆柱振荡逐渐衰减。如果电磁力足够大(N=3.0)，圆柱会趋于静止，不再
振荡。图中实线和虚线分别对应 N=0.8 和 N=3.0。

圆柱从静止经振荡，在电磁力作用下趋于新稳定的变化过程中，涡生振荡发
展和电磁力抑制过程中的能量变化如图 3.26 所示。虚线表示升力做功 E_l，点划线
表示阻尼力做功 E_d，实线表示每个周期转移的总能量 E。在 $t < 650$ 时段，对应
圆柱从固定到稳定振荡的过程，与图 2.16 相同。在 $t = 650$ 时刻，加载电磁力，E_l
迅速减小，以致有一段时间为负值。能量从圆柱传递给流体，圆柱振荡衰减。最
终总能量 $E = 0$，此时 E_l 为正、E_d 为负，圆柱以较小振幅稳定振荡，如图 3.27(a)
所示。电磁力足够大时，圆柱最终不再振荡，如图 3.27(b) 所示。

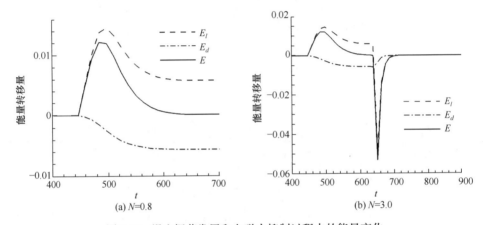

(a) N=0.8   (b) N=3.0

图 3.26   涡生振荡发展和电磁力抑制过程中的能量变化

电磁力抑制过程中振荡圆柱的流场变化如图 3.27 所示。时刻 D_i 与图 3.25 相
同，对应于圆柱处于上侧最大位移。在 D_5 时刻，圆柱的涡生振荡已经稳定。此后，
在 $t_2 = 650$ 时刻加载电磁力，边界层的流体在电磁力的作用下加速，流动分离得
到抑制，圆柱上下两侧分离点的距离减小，尾流涡被拉长，涡距沿流向变大，而

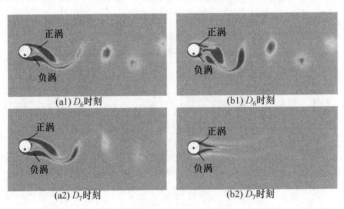

(a1) D_6时刻   (b1) D_6时刻

(a2) D_7时刻   (b2) D_7时刻

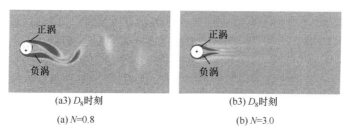

(a3) D_8时刻　　　　　　　　(b3) D_8时刻

(a) N=0.8　　　　　　　　　　(b) N=3.0

图 3.27　电磁力抑制过程中振荡圆柱的流场变化

沿横向变小,如图 3.27(a)所示。电磁力足够大时,分离点消失,流场对称且定常,如图 3.27(b)所示。

　　涡生振荡发展和电磁力抑制过程的升阻力相图如图 3.28 所示。圆柱由固定到稳定振荡时段的相图与图 2.18 相同。在电磁力作用下,尽管总阻力 C_d 减小,但涡生阻力 C_{dF} 是增大的。因此,加载电磁力后,曲线显著向右移动。由于电磁力对流动分离的抑制,圆柱绕流趋于对称,由此升力 C_{lF} 减小,曲线逐渐萎缩,从而圆柱的振荡减弱,并最终以较小的振幅稳定振荡。对应图 3.27(a)中的闭合曲线

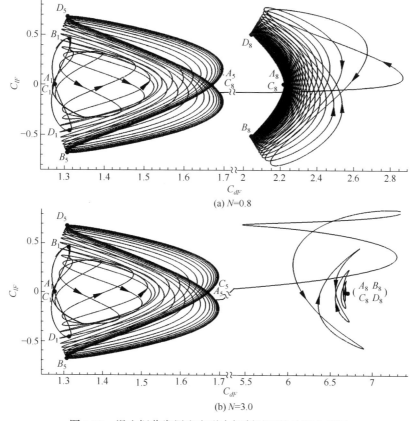

(a) N=0.8

(b) N=3.0

图 3.28　涡生振荡发展和电磁力抑制过程的升阻力相图

$A_8B_8C_8D_8A_8$，此时 A 点与 C 点也再次重合。当 $N=3.0$ 时，电磁力能够完全抑制流动分离，使圆柱绕流对称，此时相图曲线逐渐萎缩成升力为零的点($A_8B_8C_8D_8A_8$)。

涡生振荡稳定时，相位角 ϕ_1 为常数。在电磁力作用下，相位角 ϕ_1 迅速减小，然后趋于较小的常数，该值随着电磁力的增大而减小(图 3.29)。

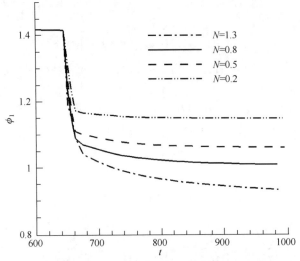

图 3.29　电磁力作用后相位角 ϕ_1 的变化

电磁力作用后，有效附加质量流体力 F_0 迅速减小，然后趋于定值，该值随 N 增大而减小。电磁力作用后 F_0 的变化如图 3.30 所示。

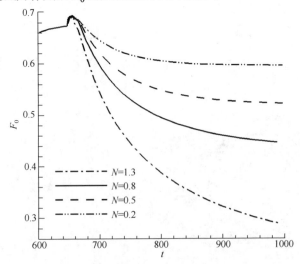

图 3.30　电磁力作用后 F_0 的变化

电磁力作用后，附加质量 Δm 迅速增大，然后趋于定值。该值随 N 增大而增大。电磁力作用后附加质量 Δm 的变化如图 3.31 所示。

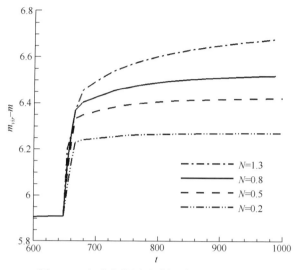

图 3.31　电磁力作用后附加质量 Δm 的变化

3.6.4　剪切来流涡生振荡的电磁控制

1. 对称电磁力控制

电磁力的作用使振荡圆柱在新的状态下稳定振荡。如图 3.32 所示，随着电磁力强度的增加，圆柱尾涡的抑制效果越明显，圆柱振幅也越小，但是剪切导致的

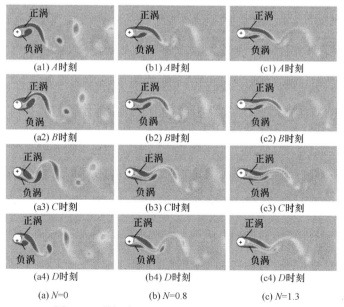

图 3.32　剪切度 K=0.2 涡生振荡流场随 N 变化

前滞止点向上侧漂移和尾流涡街向下侧倾斜的特征依然存在。

如图 3.33 所示，在电磁力的作用下，壁面剪应力增强，且随电磁力的增大而增大。此外，来流剪切导致的前滞止点的漂移仍然存在，但随着电磁力的增加，前滞止点漂移振荡的振幅减小。

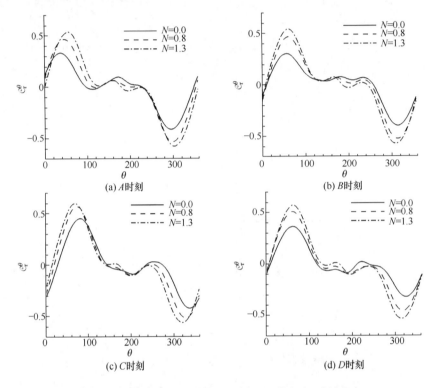

图 3.33　不同强度电磁力作用下的(K=0.2)剪应力 $\mathcal{C}_\tau^\theta$ 的分布

如图 3.34 所示，分布曲线的变化趋势与 K=0 时的图 3.21 类似。区别在于，

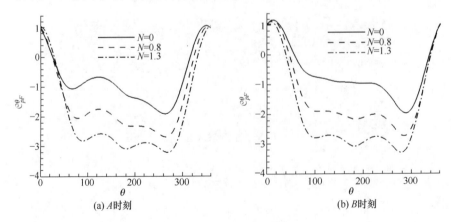

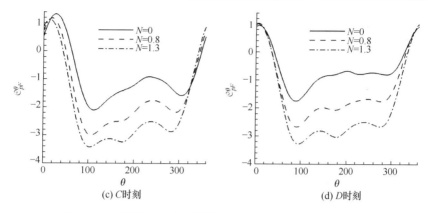

(c) C时刻 (d) D时刻

图 3.34 不同强度电磁力作用下(K=0.2)涡生压力 $\mathcal{C}_{pF}^{\theta}$ 的分布

来流剪切导致的漂移使压力曲线,即使在 N 足够大时,也不能趋于对称。

如图 3.35 所示,未加电磁力时,由于来流剪切产生的附加升力,B 时刻圆柱的加速度大于 D 时刻的,因此惯性力较后者大。电磁力作用后,惯性力的极值下降,但来流剪切导致的 B 时刻惯性力大于 D 时刻的特征却不受电磁力作用的影响。

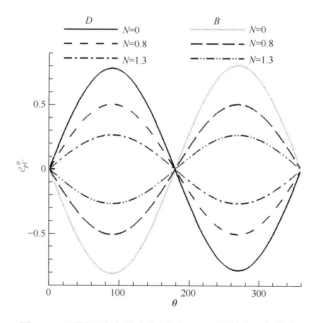

图 3.35 不同强度电磁力作用下(K=0.2)惯性力 $\mathcal{C}_{pV}^{\theta}$ 分布

如图 3.36 所示,随着电磁力增大,相图曲线萎缩,说明升阻力的振幅下降,意味着圆柱振荡幅度的衰减。此外,相图曲线右移,说明涡生阻力增加。剪切来流导致的附加升力仍然存在。

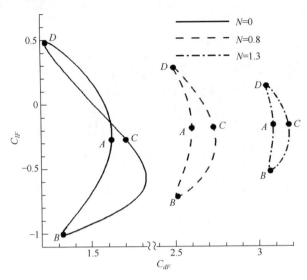

图 3.36　不同强度电磁力作用下(K=0.2)的涡生升阻力相图

如图 3.37 所示，在电磁力作用下，圆柱振幅随 N 的增大而减小，N 足够大时，振荡被完全抑制，圆柱静止。

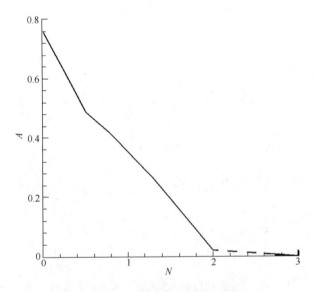

图 3.37　K=0.2 时圆柱振幅随 N 的变化

如图 3.38 所示，t < 650 的曲线与图 2.28 相同。在 t = 650 时刻加载电磁力

(N=0.8)，在电磁力的作用下，升力减小，圆柱振荡衰减，但剪切流导致的平衡位置漂移仍然存在。

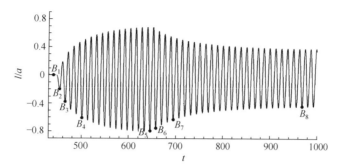

图 3.38　K=0.2 时对称电磁力 N=0.8 作用下的圆柱位移

如图 3.39 所示，图中虚线表示升力 $C_{lF}(t)$ 做功 E_l，点划线表示阻尼力 C_{damp} 做功 E_d，实线表示每个周期转移的总能量 E。由于来流剪切形成的附加升力，振荡圆柱的速度和振幅均较均匀来流时增加，因此 E_l 和 E_d 的极值较大。

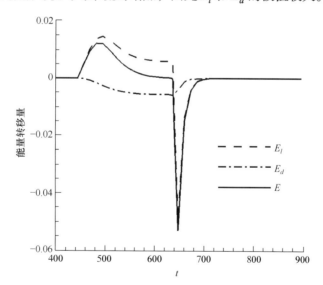

图 3.39　K=0.2 时对称电磁力 N=0.8 作用下，流固间的能量传递

K=0.2 时，在对称电磁力 N=0.8 作用下，涡生振荡流场的变化如图 3.40 所示。B_i 与图 3.38 对应，圆柱处于下侧最大位移处。在 B_5 时刻，总能量平衡，圆柱的振荡已经稳定。$t_2 = 650$ 时，施加电磁力，其后($B_6 \sim B_8$)圆柱振荡和流体脱体均在一定程度上被抑制，但尾流涡街仍然向下侧倾斜。

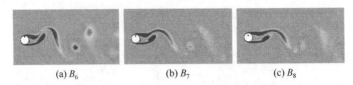

(a) B_6　　　　　　(b) B_7　　　　　　(c) B_8

图 3.40　$K=0.2$ 时对称电磁力 $N=0.8$ 作用下涡生振荡流场的变化

$K=0.2$ 时涡生振荡发展和电磁力抑制过程的升阻力相图如图 3.41 所示。施加对称电磁力后，涡生阻力 C_{dF} 增大，相图曲线显著向右移动。由于电磁力抑制流动分离，升阻力振荡减小，因此曲线逐渐萎缩，圆柱的振荡也随之减弱，最终以较小的振幅稳定振荡。

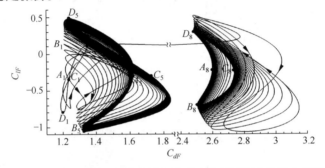

图 3.41　$K=0.2$ 时涡生振荡发展和电磁力抑制过程的升阻力相图

如图 3.42 所示，剪切度 $K=0.2$ 时，电磁力作用后，相位角 ϕ_1 迅速减小，然后趋于较小的常数。该值随着电磁力的增大而减小。

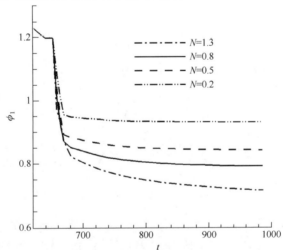

图 3.42　$K=0.2$ 时 ϕ_1 随作用参数 N 的变化

如图 3.43 所示，剪切度 $K=0.2$ 时电磁力作用后，有效附加质量流体力 F_0 迅速减小，然后趋于定值。该值随 N 的增大而减小。

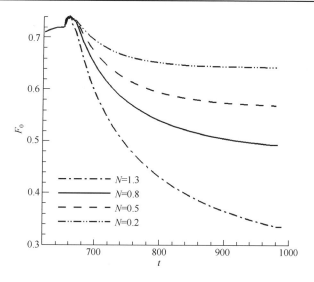

图 3.43　$K=0.2$ 时 F_0 随作用参数 N 的变化

如图 3.44 所示，剪切度 $K=0.2$ 时，电磁力作用后，附加质量 Δm 迅速增大，然后趋于定值。该值随 N 的增大而增大。

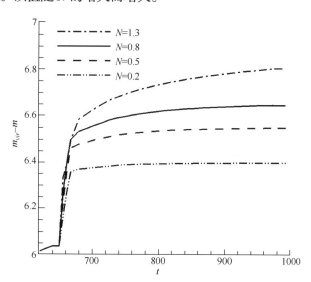

图 3.44　$K=0.2$ 时 Δm 随作用参数 N 的变化

2. 非对称电磁力控制

对于剪切来流，对称电磁力作用后，前滞止点的漂移导致的附加升力依然存在(指向来流速度小的一侧，$K>0$ 时，方向向下)。因此，抑制后的圆柱因升力作用而偏离初始平衡位置。这往往不是人们期望的。非对称电磁力可以产生大小与方向确定的，不随时间变化的升力 C_{lL}，因此可以抵消剪切来流形成的附加升力，使平均升力为零，这样抑制后的圆柱可处于初始平衡位置。

剪切来流 K=0.2 时，设圆柱上下两侧分别施加 N=3 和 N=2 的电磁力，圆柱在控制前的位移变化如图 3.45 所示。解除横向约束后，圆柱在升力 C_{lF} 的作用下振荡，其平衡位置向下侧漂移，圆柱最终达到稳定振荡状态。在 t = 650 时施加电磁力，由于圆柱两侧的电磁力是非对称的(上侧 N=3、下侧 N=2)，壁电磁力形成既不受流场影响，也不随时间变化的升力 C_{lL}。该力可以抵消剪切来流形成的升力，使圆柱的振荡衰减的同时，平衡位置向上侧漂移。最终，圆柱可以稳定在初始位置。

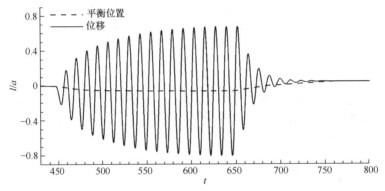

图 3.45 非对称电磁力(上侧 N=3、下侧 N=2)作用前后，振荡圆柱位移的变化

在上侧 N=3、下侧 N=2 的电磁力作用下，振荡圆柱被完全抑制后，稳定圆柱的绕流流场如图 3.46 所示。此时，涡街虽然被消除，但剪切来流导致的尾迹倾斜依然存在。

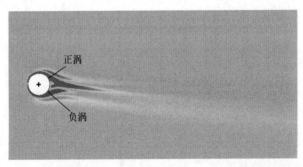

图 3.46 电磁力作用下(上侧 N=3、下侧 N=2)稳定圆柱的绕流流场

剪切来流 K=0.2 时，在上侧 N=3、下侧 N=2 的非对称电磁力作用下，剪应力 C_τ^θ 在圆柱表面的分布如图 3.47 所示。由于上侧流体的速度较大，电磁力较强，

因此上侧的剪应力明显大于下侧。

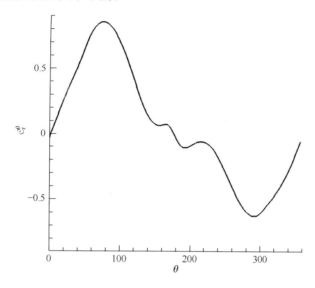

图 3.47　剪应力 $\mathcal{C}_\tau^\theta$ 在圆柱表面的分布

非对称电磁力(上侧 N=3、下侧 N=2)作用下电磁压力 $\mathcal{C}_{pL}^\theta$ 的分布如图 3.48 所示。压力皆为正值,在 θ =180° 处取极值,而且下侧压力值大于上侧。因此,壁电磁力使圆柱的升力增大(方向向上),阻力减小(产生推力)。

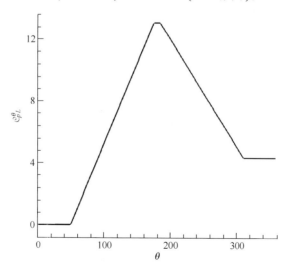

图 3.48　非对称电磁力(上侧 N=3、下侧 N=2)作用下电磁压力 $\mathcal{C}_{pL}^\theta$ 的分布

同样,涡生压力 $\mathcal{C}_{pF}^\theta$ 的分布如图 3.49 所示。在非对称电磁力作用下,压力曲

线下移，且圆柱上侧压力值大于下侧，背风面的压力降大于迎风面。因此，场电磁力使圆柱的升力减小(方向向下)，阻力增大，这与壁电磁力的作用效果相反。因为合效果仍以壁面电磁力的作用为主导，所以可以克服剪切来流导致的附加升力。

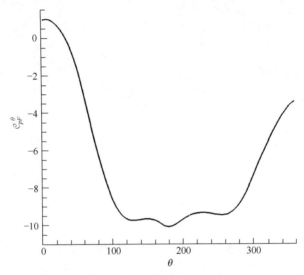

图 3.49　非对称电磁力(上侧 N=3、下侧 N=2)作用下涡生压力 $\mathcal{C}_{pF}^{\theta}$ 的分布

3.6.5　流动控制过程的 Okubo-Weiss 函数守恒

1. 圆柱绕流的 Okubo-Weiss 函数守恒

记二维散度 $\nabla \cdot = \begin{pmatrix} \nabla_1 & \nabla_2 \end{pmatrix}^{\mathrm{T}}$，速度 u 的梯度可写为

$$\nabla u = \begin{bmatrix} \nabla_1 u_1 & \nabla_2 u_1 \\ \nabla_1 u_2 & \nabla_2 u_2 \end{bmatrix} \tag{3.44}$$

于是

$$\nabla u \cdot u = \begin{bmatrix} u_1(\nabla_1 u_1) & u_2(\nabla_2 u_1) \\ u_1(\nabla_1 u_2) & u_2(\nabla_2 u_2) \end{bmatrix} \tag{3.45}$$

对于不可压缩流动，即

$$\nabla \cdot u = \nabla_1 u_1 + \nabla_2 u_2 = 0$$

由式(3.45) 可得

$$\nabla \cdot ((\nabla u) \cdot u) = -2 \det(\nabla u) = \frac{1}{2} q \tag{3.46}$$

其中，$q = S_1^2 + S_2^2 - \Omega^2$ 称为 Okubo-Weiss 函数，$S_1 = \nabla_1 u_1 - \nabla_2 u_2$ 是与容变相关的速度变形量，$S_2 = \nabla_2 u_1 + \nabla_1 u_2$ 是与畸变相关的速度变形量，$\Omega = \nabla_1 u_2 - \nabla_2 u_1$ 为涡

量，Ω^2 为涡度拟能。

　　与周围流体或固体的相互作用，流团的变化分解为两种基本过程。一种是变形，包括线度变化和畸变，另一种是旋转。流团的变形与旋转如图 3.50 所示。沿流团表面法向的拉伸和压缩，即容变，表现为 $\nabla_1 u_1 + \nabla_2 u_2$。对于不可压缩流，由于流团体积不变，因此 $\nabla_1 u_1 + \nabla_2 u_2 \equiv 0$，为了表示不可压缩流团的线度变化，令 $S_1 = \nabla_1 u_1 - \nabla_2 u_2$。另一种是沿流团表面切向的剪切，即畸变，可以通过角变形来体现。令 $S_2 = \nabla_2 u_1 + \nabla_1 u_2$，$S_1$ 和 S_2 常常共存于流体运动之中，相互耦合。流体微团的旋转可以用涡量 Ω 表示，$\Omega = \nabla_1 u_2 - \nabla_2 u_1$，是流体微团转动角速度的二倍。

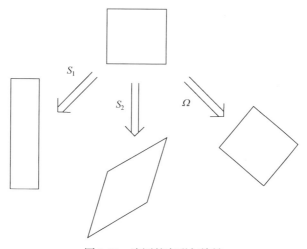

图 3.50　流团的变形与旋转

　　因此，Okubo-Weiss 函数可以用来鉴别涡的结构，为划分流场的区域提供一种简便方法[116-119]。$q > 0$ 时，流场以变形为主；$q < 0$ 时，流场以旋转为主。

　　对于黏性流体，边界 C 上 $u = 0$，因此由式(3.46)可得

$$\iint_S \nabla \cdot ((\nabla u) \cdot u) \mathrm{d}A = \oint_C (\nabla u) \cdot u \cdot n \mathrm{d}l = 0 \tag{3.47}$$

其中，n 为边界的单位法矢量。

　　于是

$$\iint_S q \mathrm{d}A = 0 \tag{3.48}$$

$$\iint_S \Omega^2 \mathrm{d}A = \iint_S \left(S_1^2 + S_2^2 \right) \mathrm{d}A \tag{3.49}$$

其中，$q = S_1^2 + S_2^2 - \Omega^2$；$\Omega = \dfrac{1}{H}(\dfrac{\partial U_\theta}{\partial \xi} - \dfrac{\partial U_r}{\partial \eta})$；$S_1 = \dfrac{1}{H}(\dfrac{\partial U_r}{\partial \xi} - \dfrac{\partial U_\theta}{\partial \eta})$；$S_2 = \dfrac{1}{H}(\dfrac{\partial U_r}{\partial \eta}$

$+\dfrac{\partial U_\theta}{\partial \xi})$。

对于二维不可压缩的黏性绕流，Okubo-Weiss 函数在全流场的积分为零，或涡度拟能 Ω^2 在全流场的积分等于变形量 $S_1^2 + S_2^2$ 在全流场的积分。根据上述推导，守恒关系式与边界的形状无关，与流场中是否存在力场或化学反应等也无关。

流体流过圆柱时，由于黏性，圆柱表面附近形成剪切边界层，会因周期性脱体，在下游形成涡街。剪切层和涡街都导致局部区域的涡度拟能 Ω^2 与变形率 $S_1^2 + S_2^2$ 的增加。图 3.51 为四个典型时刻，涡度拟能、速度变形率和 Okubo-Weiss 函数 q 在圆柱绕流流场中的分布。其中，速度变形率和涡度拟能分布图中，颜色越深，值越大。在 Okubo-Weiss 函数分布图中，黑色表示负值，灰色表示正值。

在流场中，高涡度拟能区域主要集中在圆柱迎风表面的剪切层和圆柱附近脱体涡的涡核，如图 3.51(a)所示。高变形率区域则集中于前、后驻点附近，以及与脱体涡相关的涡核周围区域，如图 3.51(b)所示。图 3.51(c)为 Okubo-Weiss 函数分布，其值为正时(灰色区域)，变形占主要地位，流体以变形为主；为负时(黑色区域)，涡度拟能占主要地位，流体以旋转为主。由此可见，仅圆柱迎风表面的剪切层和圆柱附近脱体涡的涡核区域，涡度拟能的值大于变形率，以旋转为主，其余区域皆以变形为主。

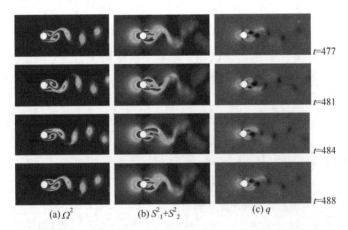

$t=477$

$t=481$

$t=484$

$t=488$

(a) Ω^2　　　　　(b) $S_1^2 + S_2^2$　　　　　(c) q

图 3.51　涡度拟能、速度变形率和 Okubo-Weiss 函数在圆柱绕流流场中的分布

涡度拟能和变形率在全流场的积分分别称为总涡度拟能和总变形率。其值随绕流的周期变化而周期变化，它们同时增大，同时减小(图 3.52)。为方便比较，图中涡度拟能取负值，即用 $-\Omega^2$ 作图。由此可见，在周期性变化过程中，总涡度

拟能和总变形率的值始终相等，从而保持 q 为零，即满足方程(3.48)。计算结果与理论预测一致。

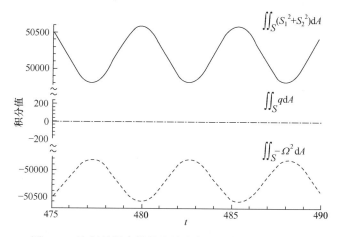

图 3.52　流场总涡度拟能和总速度变形率的周期性变化

由于圆柱绕流的周期变化，涡度拟能和速度变形率的分布也周期性变化，但它们在流场中的权重分布变化不大。我们称 x_0 (如涡度拟能或者平方变形率)在流场中出现的概率(x_0 出现区域的面积占全流场面积的百分比)为权重。以 $t = 477$ 为例，瞬间权重分布曲线如图 3.53 所示，图中虚线为平方变形率，实线为涡度拟能。根据此图，可将流场分为 4 个区域。1 区为高涡度拟能高变形率区域，涡度拟能与变形率基本相等，该区域集中在圆柱表面附近。2 区的涡度拟能和变形率皆小于 1 区，涡度拟能大于变形率，该区域为涡核附近区域。3 为尾涡边缘，以及涡

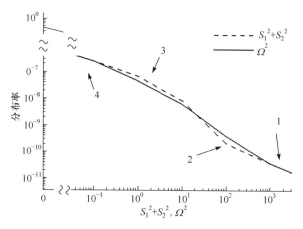

图 3.53　瞬间权重分布曲线

与涡之间的连接区域，该区域变形较大，旋转较小，变形率大于涡度拟能，但涡度拟能和速度变形率皆小于 2 区。4 区的涡度拟能和速度变形率都小于其他区域。从 1 区到 4 区，涡度拟能和速度变形率的值递减。就所占流场面积而言，从 1 区到 4 区递增。值得注意的是，涡度拟能和速度变形率的权重分布曲线的积分值是相等的，即实线和虚线覆盖的面积相等，因此 Okubo-Weiss 函数 q 在全流场的积分值为 0。

2. 控制过程的 Okubo-Weiss 函数守恒

电磁控制过程中($N=3$)，流场的涡度拟能、速度变形率、Okubo-Weiss 函数的分布如图 3.54 所示。图 3.54(a)为涡度拟能，涡核处涡度拟能较大，边缘处的涡度拟能较小。随着涡向下游移动，由于能量的耗散，旋转和剪切的强度都在减弱。在圆柱表面附近，由于电磁力的作用，速度梯度增大，涡度拟能增大。图 3.54(b)为变形率，灰色表示变形率的值较小，黑色表示变形率的值较大。可以看出，圆柱的前滞止点和脱体涡周围变形较大，远离圆柱处变形较小。Okubo-Weiss 函数 q 的分布如图 3.54(c)所示。未加电磁力时，在卡门涡街的涡核处，涡度拟能大于变形率(图中的黑斑)，而涡的边缘和涡之间的连接处变形率大于涡度拟能(图中的灰斑)。施加电磁力后，流体不再脱体，已经脱落的涡在向下游移动时，旋转和剪切皆大大减弱，圆柱下游的灰色和黑色区域逐渐模糊。在圆柱表面附近，由于剪切强度增加，涡度拟能和变形率的强度皆增加，在紧贴圆柱表面的很小区域，涡度拟能大于变形率(黑色区域)，在其余的大部分区域，涡度拟能皆小于变形率(图中的灰色区域)。

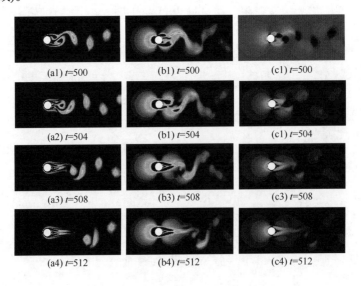

(a1) $t=500$　　(b1) $t=500$　　(c1) $t=500$
(a2) $t=504$　　(b1) $t=504$　　(c1) $t=504$
(a3) $t=508$　　(b3) $t=508$　　(c3) $t=508$
(a4) $t=512$　　(b4) $t=512$　　(c4) $t=512$

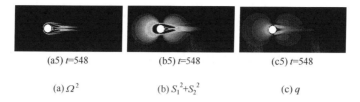

(a5) *t*=548　　　　(b5) *t*=548　　　　(c5) *t*=548

(a) Ω^2　　　　(b) $S_1^2+S_2^2$　　　　(c) q

图 3.54　控制过程中涡度拟能、速度变形率和 Okubo-Weiss 函数的分布

利用电磁力控制圆柱绕流时,电磁力的大小会影响控制后的流场(图 3.55)。$N=0$ 为典型的圆柱绕流，存在旋涡的脱体和卡门涡街。$N=1$时，分离点明显后移，旋涡脱体已基本抑制，但尾流区域仍有振荡。组成涡街的涡核位置仍隐约呈现淡黑色，说明此处的涡度拟能仍大于变形率。$N=3$时，涡街被完全抑制，高涡度拟能和高变形率区域被限制在很小的局部范围内。$N=7$时，电磁力可以给边界层内的流体提供足够大的切向动量，不但可以抑制分离、消除涡街，而且在圆柱尾部形成射流。

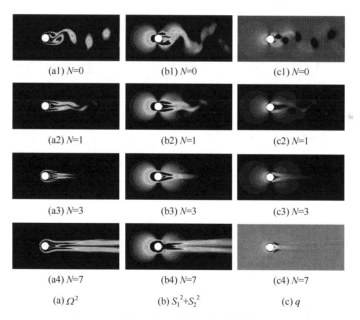

(a1) *N*=0　　　　(b1) *N*=0　　　　(c1) *N*=0

(a2) *N*=1　　　　(b2) *N*=1　　　　(c2) *N*=1

(a3) *N*=3　　　　(b3) *N*=3　　　　(c3) *N*=3

(a4) *N*=7　　　　(b4) *N*=7　　　　(c4) *N*=7

(a) Ω^2　　　　(b) $S_1^2+S_2^2$　　　　(c) q

图 3.55　不同电磁力作用下绕流流场的变化

在电磁控制下，总涡度拟能和总速度变形率随时间的变化曲线如图 3.56 所示。加电磁力前($t\leqslant 500$)，总涡度拟能和总变形率是周期变化的。由于图 3.56 中纵坐标的取值范围较大，因此不能显现其周期变化。电磁力作用后，总涡度拟能和总变形率皆急剧增大，且最终保持为定值。值得注意的是，无论流场如何变化，总涡度拟能和总变形率的值始终相等，q 为零。

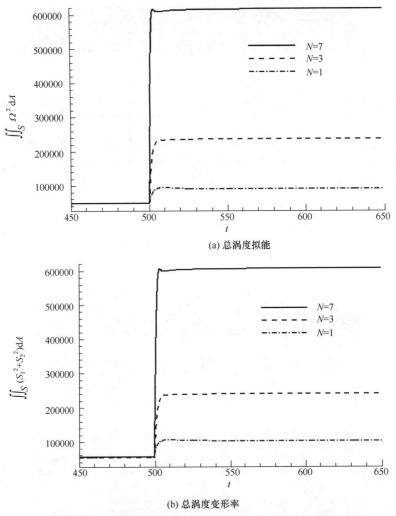

(a) 总涡度拟能

(b) 总涡度变形率

图 3.56　总涡度拟能和总速度变形率随时间的变化曲线

　　在不同电磁力的作用下，涡度拟能和变形率在不同电磁力作用下的分布如图 3.57 所示。当 N 较小，如 $N=3$ 时，由于抑制了流体的分离，消除了尾涡，因此 2、3 区域(涡核附近和尾涡周边)的曲线下降，说明此类区域的涡度拟能和变形率的平均强度下降。图中 2、3 区交点左移，说明区域 2 扩大，区域 3 减小。区域 1 的曲线上升，说明该区域的涡度拟能和变形率的平均强度增加。当 N 较大，如 $N=7$ 时，在边界层内，外层涡强度的增加，使 2、3 区的曲线上升，即涡度拟能和变形率的平均强度增加，2、3 区交点左移，说明区域 2 扩大，区域 3 减小。区域 1 的曲线随着 N 的增大而增大的。区域 4 由于离圆柱较远，受绕流及电磁力的影响较小，曲线基本不变。根据上述结果，虽然在不同的电磁力作用下，涡度拟能和速度变形率的权重分布不同, 但曲线在全流场的积分值相等, 即 Okubo-Weiss 函数 q 在全流场的积分值为零, Okubo-Weiss 函数 q 守恒。

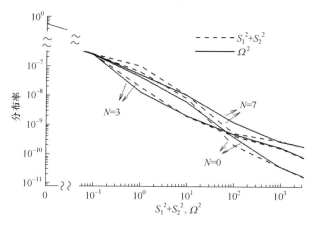

图 3.57　涡度拟能和变形率在不同电磁力作用下的分布

3.7　本 章 小 结

本章推导了运动坐标中, 考虑电磁力的剪切来流条件下涡生振荡的涡量-流函数守恒方程及其初始条件和边界条件、圆柱表面的水动力表达式, 以及圆柱振荡方程。

电磁力分为场电磁力和壁面电磁力。前者改变流场, 导致阻力增大, 并以一侧场电磁力产生的升力指向另一侧的方式改变升力。后者在壁面形成独立于流场的电磁压力, 进而形成推力, 并以一侧壁面电磁力产生的升力指向该侧的方式改变升力。基于此, 本章进一步讨论电磁力减阻、增升和减振的机理。

基于数值计算, 本章讨论对称和非对称电磁力控制后, 稳定状态的涡生振荡系统的变化规律, 包括尾涡流场、振荡圆柱、附加质量, 以及圆柱表面的水动力、前滞止点和后分离点。结果表明, 电磁力导致的流场对称可以抑制圆柱的振荡。

本章对圆柱从静止开始振荡, 发展为稳定涡生振荡状态, 然后在电磁力作用下衰减, 直至成为新的稳定态的发展过程进行计算和讨论, 描述脱体涡街的发展过程, 升阻力相图的连续变形和漂移过程, 圆柱振荡和平衡位置的变化过程, 以及相位差、附加质量和同相位力的变化过程。

本章的推导证明, 低 Re 的二维黏性不可压缩流动, 无论固体边界的形状如何, 流场中是否存在控制流动的场力, Okubo-Weiss 函数 q 在全流场的积分为零。圆柱绕流电磁控制的数值计算结果也验证了这一结论。

第4章 两自由度涡生振荡的机理

单自由度涡生振荡及其电磁控制是仅沿法向的振动与减振机理，而对于流向振动与减振的机理和法向则不尽相同。因此，第4章和第5章借鉴单自由度涡生振荡及其电磁减振的思路，将坐标建立在运动圆柱上，推导指数极坐标下的两自由度涡生振荡的涡量流函数方程、初始和边界条件，以及圆柱表面的水动力分布方程，其中水动力包含惯性力、涡生力、黏性阻尼力，推导圆柱运动方程，通过数值计算，分别对剪切来流中的两自由度涡生振荡，以及电磁控制两自由度涡生振荡的问题进行研究，讨论其流场、升阻力和位移的瞬时变化规律。

4.1 流动守恒方程

将坐标系建立在均匀来流下的振动圆柱上，对于不可压缩的二维流动，在指数极坐标 (ξ, η) 下，$r = \mathrm{e}^{2\pi\xi}$，$\theta = 2\pi\eta$。无量纲形式的涡量流函数方程为

$$H\frac{\partial \Omega}{\partial t} + \frac{\partial(U_r\Omega)}{\partial \xi} + \frac{\partial(U_\theta\Omega)}{\partial \eta} = \frac{2}{Re}\left(\frac{\partial^2 \Omega}{\partial \xi^2} + \frac{\partial^2 \Omega}{\partial \eta^2}\right)$$

$$\frac{\partial^2 \psi}{\partial \xi^2} + \frac{\partial^2 \psi}{\partial \eta^2} = -H\Omega \tag{4.1}$$

其中，流函数 ψ 定义为 $\dfrac{\partial \psi}{\partial \eta} = U_r = H^{\frac{1}{2}}u_r$，$-\dfrac{\partial \psi}{\partial \xi} = U_\theta = H^{\frac{1}{2}}u_\theta$，$u_r$ 和 u_θ 为沿 r 和 θ 方向的速度分量；涡量 $\Omega = \dfrac{1}{H}\left(\dfrac{\partial U_\theta}{\partial \xi} - \dfrac{\partial U_r}{\partial \eta}\right)$；$H = 4\pi^2\mathrm{e}^{4\pi\xi}$；$Re = \dfrac{2u_\infty^* a^*}{v^*}$，$v^*$ 为运动黏度；无量纲时间 $t = \dfrac{t^* u_\infty^*}{a^*}$；无量纲距离 $r = \dfrac{r^*}{a^*}$。

释放对圆柱的约束，圆柱在涡的脱落作用下沿流向和法向振动。对涡量流函数方程进行伽利略变换，有

$$\psi = \psi' - \frac{\mathrm{d}l_x}{\mathrm{d}t}\mathrm{e}^{2\pi\xi}\sin(2\pi\eta) - \frac{\mathrm{d}l_y}{\mathrm{d}t}\mathrm{e}^{2\pi\xi}\cos(2\pi\eta) \tag{4.2}$$

其中，$'$ 表示实验室静止坐标系；无 $'$ 表示圆柱运动坐标系；l_x 和 l_y 为圆柱沿流向

和法向的位移；$\dfrac{\mathrm{d}l_x}{\mathrm{d}t}$ 和 $\dfrac{\mathrm{d}l_y}{\mathrm{d}t}$ 为圆柱沿流向和法向的运动速度。

由此，可得

$$-\frac{1}{H}\frac{\partial^2\psi}{\partial\xi^2}=-\frac{1}{H}\frac{\partial^2\psi'}{\partial\xi^2}+\frac{\mathrm{d}l_x}{\mathrm{d}t}\mathrm{e}^{-2\pi\xi}\sin(2\pi\eta)+\frac{\mathrm{d}l_y}{\mathrm{d}t}\mathrm{e}^{-2\pi\xi}\cos(2\pi\eta)$$

$$-\frac{1}{H}\frac{\partial^2\psi}{\partial\eta^2}=-\frac{1}{H}\frac{\partial^2\psi'}{\partial\eta^2}-\frac{\mathrm{d}l_x}{\mathrm{d}t}\mathrm{e}^{-2\pi\xi}\sin(2\pi\eta)-\frac{\mathrm{d}l_y}{\mathrm{d}t}\mathrm{e}^{-2\pi\xi}\cos(2\pi\eta) \tag{4.3}$$

$$\Omega'=-\frac{1}{H}\left(\frac{\partial^2\psi'}{\partial\xi^2}+\frac{\partial^2\psi'}{\partial\eta^2}\right)=-\frac{1}{H}\left(\frac{\partial^2\psi}{\partial\xi^2}+\frac{\partial^2\psi}{\partial\eta^2}\right)=\Omega$$

4.2　圆柱表面水动力

圆柱受力是改变圆柱运动的原因，因此研究圆柱的涡生振荡必然要分析其表面水动力的变化。水动力由压力和剪切力两部分组成。水动力可沿流向和法向分解得到阻力和升力。由 4.1 节的涡量流函数方程，我们得到涡生振荡流场中的涡量和流函数。接下来，根据 4.1 节得到的物理量，我们在实验室静止坐标系中首先求解圆柱表面的压力和剪切力，然后分解得到圆柱的阻力和升力。

4.2.1　剪应力与压力

将主坐标系转换到实验室静止坐标系中(即'表示实验室静止坐标下的物理量，无上标表示运动坐标系)，记圆柱表面水动力为 F^θ，则该力的无量纲形式为

$$\mathcal{C}_F^\theta=\frac{F^\theta}{\rho u_\infty^2/2}=\sqrt{(\mathcal{C}_\tau^\theta)^2+(\mathcal{C}_p^\theta)^2} \tag{4.4}$$

其中，$\mathcal{C}_\tau^\theta$ 和 $\mathcal{C}_p^\theta$ 分别代表剪应力和压力。

剪应力为

$$\mathcal{C}_\tau^\theta=\frac{\tau_{r\theta}}{\rho u_\infty^2/2}=-\frac{4}{ReH}\frac{\partial^2\psi'}{\partial\xi'^2} \tag{4.5}$$

由 $\dfrac{\partial^2\psi'}{\partial\xi^2}+\dfrac{\partial^2\psi'}{\partial\eta^2}=-H\Omega'$，有

$$\mathcal{C}_\tau^\theta=\frac{4}{Re}\left(\Omega'+\frac{1}{H}\frac{\partial^2\psi'}{\partial\eta'^2}\right)$$

在圆柱表面，$\psi' = \dfrac{\mathrm{d}l_x}{\mathrm{d}t}\sin(2\pi\eta) + \dfrac{\mathrm{d}l_y}{\mathrm{d}t}\cos(2\pi\eta)$ 且 $\Omega' = \Omega$。因此，有

$$\mathcal{C}_\tau^\theta = \mathcal{C}_{\tau F}^\theta + \mathcal{C}_{\tau V}^\theta \tag{4.6}$$

其中，$\mathcal{C}_{\tau F}^\theta = \dfrac{4}{Re}\Omega$；$\mathcal{C}_{\tau V}^\theta = -\dfrac{4}{Re}\left[\dfrac{\mathrm{d}l_x}{\mathrm{d}t}\sin(2\pi\eta) + \dfrac{\mathrm{d}l_y}{\mathrm{d}t}\cos(2\pi\eta)\right]$。

此时，剪切力由流场力 $\mathcal{C}_{\tau F}^\theta$ 和黏性阻尼力 $\mathcal{C}_{\tau V}^\theta$ 组成。流场力与圆柱表面的涡通量有关，黏性阻尼力仅与黏性流体中的运动有关，Re 一定时，与流场无关。

压力分布系数 $\mathcal{C}_p^\theta$ 为

$$\mathcal{C}_p^\theta = \frac{F^\theta}{\rho u_\infty^2 / 2} = \frac{p_\theta - p_\infty}{\rho u_\infty^2 / 2} = P_\theta - P_\infty \tag{4.7}$$

其中，$P = \dfrac{p}{\rho u_\infty^2 / 2}$ 为无量纲压力；p 为来流的压力值[102]。

由运动坐标中的动量方程，可得

$$P_\theta - P_0 = \frac{4}{Re}\int_0^\eta \frac{\partial\Omega}{\partial\xi}\mathrm{d}\eta + 4\left[\frac{\mathrm{d}^2 l_x}{\mathrm{d}t^2}\cos(2\pi\eta) + \frac{\mathrm{d}^2 l_y}{\mathrm{d}t^2}\sin(2\pi\eta)\right] \tag{4.8}$$

$$P_\infty - P_0 = -4\pi\int_0^\infty \frac{\partial u_r}{\partial t}\mathrm{e}^{2\pi\xi}\mathrm{d}\xi - 1 - 2\int_0^\infty u_\theta \frac{\partial u_r}{\partial\eta}\mathrm{d}\xi + 4\pi\int_0^\infty u_\theta^2\mathrm{d}\xi - \frac{4}{Re}\int_0^\infty \frac{\partial\Omega}{\partial\eta}\mathrm{d}\xi \tag{4.9}$$

因此

$$\mathcal{C}_p^\theta = P_\theta - P_\infty = \mathcal{C}_{pF}^\theta + \mathcal{C}_{pL}^\theta + \mathcal{C}_{pV}^\theta \tag{4.10}$$

其中，$\mathcal{C}_{pF}^\theta = \dfrac{4}{Re}\displaystyle\int_0^\eta \frac{\partial\Omega}{\partial\xi}\mathrm{d}\eta + \mathcal{C}_p^0$；$\mathcal{C}_p^0 = 1 + 4\pi\displaystyle\int_0^\infty \frac{\partial u_r}{\partial t}\mathrm{e}^{2\pi\xi}\mathrm{d}\xi + 2\displaystyle\int_0^\infty u_\theta \frac{\partial u_r}{\partial\eta}\mathrm{d}\xi - 4\pi$

$\displaystyle\int_0^\infty u_\theta^2\mathrm{d}\xi + \dfrac{4}{Re}\displaystyle\int_0^\infty \frac{\partial\Omega}{\partial\eta}\mathrm{d}\xi$；$\mathcal{C}_{pV}^\theta = 4\left[\dfrac{\mathrm{d}^2 l_x}{\mathrm{d}t^2}\cos(2\pi\eta) + \dfrac{\mathrm{d}^2 l_y}{\mathrm{d}t^2}\sin(2\pi\eta)\right]$。

4.2.2　阻力和升力

压力和剪应力沿流向和法向分解，可得

$$\mathcal{C}_d^\theta = \mathcal{C}_p^\theta \cos(2\pi\eta) + \mathcal{C}_\tau^\theta \sin(2\pi\eta)$$

$$\mathcal{C}_l^\theta = \mathcal{C}_p^\theta \sin(2\pi\eta) + \mathcal{C}_\tau^\theta \cos(2\pi\eta)$$

其中，d 和 l 分别表示阻力和升力[120]。

将力的分布函数沿圆柱表面积分，可得到总力的无量纲形式，即

$$C = \frac{F}{\rho u_\infty^2 a}$$

因此，总阻力 C_d 可写为

$$C_d = \int_0^{2\pi} \mathcal{C}_d^\theta \, \mathrm{d}\theta = C_{dF} + C_{dV} \tag{4.11}$$

其中，$C_{dF} = \dfrac{2}{Re} \int_0^1 \left(2\pi\Omega - \dfrac{\partial\Omega}{\partial\xi} \right) \sin(2\pi\eta) \, \mathrm{d}\eta$；$C_{dV} = -4\pi \dfrac{\mathrm{d}^2 l_x}{\mathrm{d}t^2} - \dfrac{4\pi}{Re} \dfrac{\mathrm{d}l_x}{\mathrm{d}t}$。

总升力 C_l 可写为

$$C_l = \int_0^{2\pi} \mathcal{C}_l^\theta \, \mathrm{d}\theta = C_{lF} + C_{lV} \tag{4.12}$$

其中，$C_{lF} = \dfrac{2}{Re} \int_0^1 \left(2\pi\Omega - \dfrac{\partial\Omega}{\partial\xi} \right) \cos(2\pi\eta) \, \mathrm{d}\eta$；$C_{lV} = -4\pi \dfrac{\mathrm{d}^2 l_y}{\mathrm{d}t^2} - \dfrac{4\pi}{Re} \dfrac{\mathrm{d}l_y}{\mathrm{d}t}$。

由式(4.11)和式(4.12)可以看出，圆柱沿两个方向的位移 l_x 和 l_y 仅改变自身方向的惯性力 C_{dV} 和 C_{lV}，与另一方向的惯性力无关。其对流场的作用(Ω 同时随 l_x 和 l_y 变化)可以同时改变两个方向的流场力 C_{dF} 和 C_{lF}。

于是，圆柱的总阻力和总升力分别为

$$C_d = C_{dF} - 4\pi \frac{\mathrm{d}^2 l_x}{\mathrm{d}t^2} - \frac{4\pi}{Re} \frac{\mathrm{d}l_x}{\mathrm{d}t}$$

$$C_l = C_{lF} - 4\pi \frac{\mathrm{d}^2 l_y}{\mathrm{d}t^2} - \frac{4\pi}{Re} \frac{\mathrm{d}l_y}{\mathrm{d}t} \tag{4.13}$$

显然，式(4.13)中作用于圆柱的升阻力由四部分组成。方程右侧第一项 C_{dF} 和 C_{lF} 为流场力，与圆柱表面的涡量和涡通量有关；第三项 $-\dfrac{4}{Re} \dfrac{\mathrm{d}l_x}{\mathrm{d}t}$ 和 $-\dfrac{4}{Re} \dfrac{\mathrm{d}l_y}{\mathrm{d}t}$ 为黏性阻尼力，与 Re 和圆柱的运动速度有关；第二项 $-4\pi \dfrac{\mathrm{d}^2 l_x}{\mathrm{d}t^2}$ 和 $-4\pi \dfrac{\mathrm{d}^2 l_y}{\mathrm{d}t^2}$ 为惯性力，与圆柱的加速度有关。第二项和第三项均与流场的变化无关。

4.3　圆柱运动方程

圆柱受力的变化会导致其运动的改变。根据 4.2 节得到的圆柱的总升阻力，将其代入圆柱的运动方程，可以得到圆柱的位移和速度等运动相关的物理量。

由于圆柱同时沿流向和法向有振动，因此有量纲的圆柱运动方程为

$$m^* \frac{\mathrm{d}^2 l_i^*}{\mathrm{d}t^{*2}} + W_i \frac{\mathrm{d}l_i^*}{\mathrm{d}t^*} + Q_i l_i^* = F_i^* \tag{4.14}$$

其中，下标 $i = x$ 和 $i = y$ 为沿流向和法向的参数；m^* 为单位长度圆柱的质量；W_i 为结构阻尼系数；Q_i 为弹性回复系数，定义为 $Q_i = 4\pi^2 m_{viri}^* f_{ni}^{*2} = m_{viri}^* \omega_{ni}^{*2}$，$m_{vir}^* = m^* + \Delta m^*$ 为虚拟质量，Δm^* 为附加质量[120,121]，$f_{ny}^{*2} = f_{nx}^{*2} / 2$ 为圆柱的固有频率；F_i^* 为升力。

进一步引入无量纲质量 $m = \dfrac{m^*}{\pi \rho^* a^{*2}} = \dfrac{\rho_{cyl}^*}{\rho^*}$，$\rho_{cyl}^*$ 和 ρ^* 为圆柱密度和流体密度；频率 $f_i = f_i^* u_\infty^* / a^*$ 和结构阻尼 $\varsigma_i = \dfrac{W_i}{\pi \rho^* a^* u_\infty^*}$。无量纲的圆柱运动方程为

$$m \frac{\mathrm{d}^2 l_i}{\mathrm{d}t^2} + \varsigma \frac{\mathrm{d}l_i}{\mathrm{d}t} + m_{viri} \left(\frac{\omega_{ni}}{\omega_i} \right)^2 \omega_i^2 l_i = F_i \tag{4.15}$$

其中，$\omega = 2\pi f$。

当圆柱自锁时，涡的脱体频率与圆柱固有频率是同步的，即 f_{ni} / f_i 为常数。式(4.13)可写为

$$F_x = \frac{C_d}{\pi} = \frac{C_{dF}}{\pi} + \frac{C_{dL}}{\pi} - \frac{4}{Re} \frac{\mathrm{d}l_x}{\mathrm{d}t} - 4 \frac{\mathrm{d}^2 l_x}{\mathrm{d}t^2}$$

$$F_y = \frac{C_l}{\pi} = \frac{C_{lF}}{\pi} + \frac{C_{dL}}{\pi} - \frac{4}{Re} \frac{\mathrm{d}l_y}{\mathrm{d}t} - 4 \frac{\mathrm{d}^2 l_y}{\mathrm{d}t^2} \tag{4.16}$$

4.4　数　值　方　法

4.4.1　初始及边界条件

1. 边界条件

无穷远处 $\xi = \xi_\infty$，由式(4.2)有

$$\psi = -2\mathrm{sh}(2\pi\xi) \left[\left(1 + \frac{\mathrm{d}l_x}{\mathrm{d}t} \right) \sin(2\pi\eta) + \frac{\mathrm{d}l_y}{\mathrm{d}t} \cos(2\pi\eta) \right]$$

$$+ K\mathrm{sh}(2\pi\xi)(\mathrm{ch}(2\pi\xi)\cos(4\pi\eta) - \mathrm{sh}(2\pi\xi))$$

来流相关角定义为 $\theta_0 = \arctan\left[\dfrac{\mathrm{d}l_y}{\mathrm{d}t} \middle/ \left(1 + \dfrac{\mathrm{d}l_x}{\mathrm{d}t} \right) \right]$。于是，有

$$\psi = -2\text{sh}(2\pi\xi)\sqrt{\left(1+\frac{\mathrm{d}l_x}{\mathrm{d}t}\right)^2 + \left(\frac{\mathrm{d}l_y}{\mathrm{d}t}\right)^2}\sin(2\pi\eta+\theta_0) \tag{4.17}$$

显然，流函数 ψ 与圆柱振荡状态有关，并且有

$$\Omega = K \tag{4.18}$$

圆柱表面 $\xi=0$ ，由于 $\psi=0$ ，式(4.2)可以写为

$$\psi' = \frac{\mathrm{d}l_x}{\mathrm{d}t}\mathrm{e}^{2\pi\xi}\sin(2\pi\eta) + \frac{\mathrm{d}l_y}{\mathrm{d}t}\mathrm{e}^{2\pi\xi}\cos(2\pi\eta) \text{ 和 } -\frac{1}{H}\frac{\partial^2\psi'}{\partial\eta^2} = \frac{\mathrm{d}l_x}{\mathrm{d}t}\sin(2\pi\eta)$$

$+\frac{\mathrm{d}l_y}{\mathrm{d}t}\cos(2\pi\eta)$ ，其中 $H=4\pi^2$ 。

由式(4.3)有

$$-\frac{1}{H}\frac{\partial^2\psi}{\partial\eta^2} = -\frac{1}{H}\frac{\partial^2\psi'}{\partial\eta^2} - \frac{\mathrm{d}l_x}{\mathrm{d}t}\sin(2\pi\eta) - \frac{\mathrm{d}l_y}{\mathrm{d}t}\cos(2\pi\eta)$$

则

$$\frac{\partial^2\psi}{\partial\eta^2} = 0 \tag{4.19}$$

因此，圆柱表面 $\xi=0$ 处，有

$$\Omega = -\frac{1}{H}\frac{\partial^2\psi}{\partial\xi^2} \tag{4.20}$$

2. 初始条件

在 $\xi=0$ 处，有

$$\Omega = -\frac{1}{H}\frac{\partial^2\psi}{\partial\xi^2} , \qquad \psi = 0 \tag{4.21}$$

在 $\xi>0$ 处，有

$$\Omega = K, \quad \psi = -2\text{sh}(2\pi\xi)\sin(2\pi\eta) + K\text{sh}(2\pi\xi)\left(\text{ch}(2\pi\xi)\cos(4\pi\eta) - \mathrm{e}^{2\pi\xi}/2\right) \tag{4.22}$$

4.4.2　流固耦合过程

数值计算中具体的流固耦合过程如图 4.1 所示。当 $t=0$ 时，未加电磁力，以求解圆柱绕流的初始条件作为初始条件，随时间推进，直至得到圆柱绕流稳定状态下的流场，并将其作为圆柱涡生振荡的初始状态。当 $t>t_1$ 时(t_1 表示释放圆柱的时刻)，通过式(4.13)分别得到圆柱所受的阻力和升力，进而通过式(4.15)得到圆柱体的位移和速度。随后结合式(4.1)，以及更新后的边界条件可以得到新的流场，

进而得到新的升阻力。如此逐步求解,直至得到涡生振荡达到稳定状态时的流场、水动力和圆柱运动等结果。

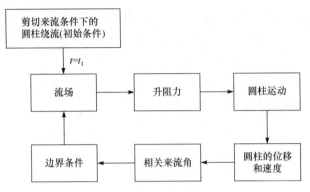

图 4.1　数值计算中的流固耦合过程

数值计算时,动量方程使用 ADI 格式,连续性方程采用 FFT 格式[102-104,120,121]。圆柱的运动可以利用 Runge-Kutta 法求解式(4.15)得到。本书的计算在步长 $\Delta\xi = 0.004$ 、$\Delta\eta = 0.004$ 、$\Delta t = 0.005$ 的条件下完成。计算中的输入参数包括流体的密度 $\rho = 1.0\times10^3\,\mathrm{kg/m^3}$ 、运动黏度 $\nu = 1.0\times10^{-6}\,\mathrm{m^2/s}$ 、自由来流速度 $u_\infty = 6\times10^{-3}\,\mathrm{m/s}$ 、圆柱半径 $a = 1.0\times10^{-2}\,\mathrm{m}$ (因此 $Re = \dfrac{2u_\infty a}{\nu} = 120$)、圆柱密度 $\rho_{cyl} = 2.6\times10^3\,\mathrm{kg/m^3}$ 。对于黏性流体中的涡生振荡,结构阻尼很小时可以忽略不计。为了突出黏性阻尼力($\dfrac{4}{Re}\dfrac{\mathrm{d}l_i}{\mathrm{d}t}$)的效果,可以假设结构阻尼 $W_i = 0$ 。

4.5　结果与讨论

4.5.1　推吸壁面和尾涡的影响

为方便阐述涡生振荡的机理,本书仅讨论尾涡脱落为 2S 模式的情况。由于涡生振荡中的流场、水动力和圆柱运动都是周期性变化的,因此根据振动周期内相应的特征位置选取时间点进行讨论。

两自由度涡生振荡的 l_x-l_y 位移相图如图 4.2 所示。圆柱涡生振荡一个周期内的运动轨迹呈"8"字形。其中,l_x 表示圆柱沿流向的位移,l_y 表示圆柱沿法向的位移,$ABCD$ 和 $A'B'C'D'$ 关于 $l_y = 0$ 对称,AA' 和 CC' 分别对应圆柱沿法向振动的平衡位置和最大位移处,BB' 和 DD' 分别对应圆柱沿流向振动的最大位移处和最小位移处。

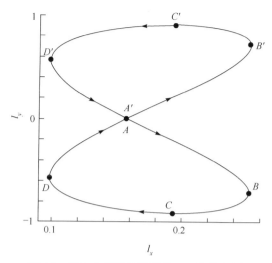

图 4.2　两自由度涡生振荡的 l_x-l_y 位移相图

圆柱振动时，不同的表面对流体有不同的影响。排挤流体的一侧称为推壁面，抽吸流体的一侧称为吸壁面[121]。例如，圆柱上侧在圆柱向上运动时是推壁面，在圆柱向下运动时是吸壁面。

当 Re=120 时，圆柱稳定振荡时典型时刻的涡量分布图如图 4.3 所示。A 时刻，

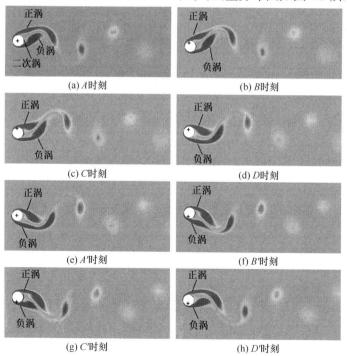

图 4.3　圆柱稳定振荡时典型时刻的涡量分布图

圆柱处于平衡位置，此时上下涡以相当的强度作用于圆柱的尾流。然后，圆柱向右下方减速运动，贴近圆柱尾部的下涡使正的二次涡逐渐增强，同时上涡也逐渐增强。至 B 时刻，圆柱运动到最右端，由于推壁面的挤压作用，诱导产生的正的二次涡达到最强。之后，圆柱向左下方运动，上涡逐渐增强，下涡逐渐减弱，吸壁面的效果使二次涡的强度开始减弱。至 C 时刻，圆柱运动至最下侧。推壁面的挤压作用使下侧剪切层的强度增强，上侧吸壁面使抑制流动分离能力增强。之后，圆柱向左上方运动，距离圆柱尾涡较近的上涡对二次涡的影响较大，使正的二次涡削弱，并开始诱导出负的二次涡。至 D 时刻，圆柱达到最左位置，上涡诱导的负的二次涡产生，与下侧正的二次涡处于交替状态，此时吸壁面的作用使二次涡的强度达到最弱。圆柱向右上方运动，由于上涡贴近圆柱尾部，上涡诱导的负的二次涡增强，而下侧正的二次涡强度减小。至 A' 时刻，圆柱回到平衡位置，此时的流场与 A 时刻对称。然后，圆柱向右上方运动，B'、C'、D' 时刻的流场分别与 B、C、D 对称，最后再次发展到 A 时刻的流场，圆柱处于平衡位置，且向右下方运动，完成一个周期的振荡。

　　流场的变化导致圆柱受力发生变化。压力相比摩擦力在合力中占主导地位[120,121]。图 4.4 所示为几个典型时刻，固定圆柱和振荡圆柱的 $\mathcal{C}_{pF}^{\theta}$ 分布。

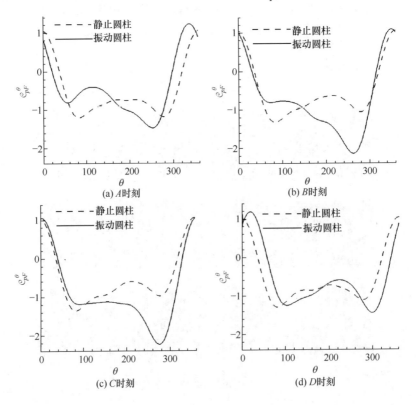

(a) A 时刻　　　　　　　　　　　　(b) B 时刻

(c) C 时刻　　　　　　　　　　　　(d) D 时刻

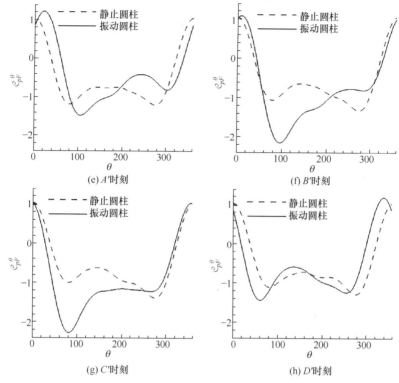

图 4.4　典型时刻固定圆柱和振荡圆柱的 $\mathcal{C}_{pF}^{\theta}$ 分布

在 A(或 A')时刻，振动圆柱的运动速度达到最大，进而滞止点的最大漂移出现在圆柱迎风面的下壁面(或上壁面)，因此圆柱迎风面的压力增大，背风面的下壁面(或上壁面)压力减小。在 C(或 C')时刻，圆柱处于最底端(或最顶端)，因此下侧(或上侧)为挤压壁，上侧(或下侧)为吸壁面，挤压壁剪切层的强度增强，吸壁面剪切层强度减小，从而下侧(或上侧)压力减小，上侧(或下侧)压力增大。在 B(或 B')时刻，圆柱处于最右端，圆柱背风面为推壁面，使该侧二次涡的强度最强，因此圆柱背部的压力明显减小。在 D(或 D')时刻，圆柱处于最左端，圆柱背风面为吸壁面，使该侧的剪切层强度减小，且圆柱尾部二次涡处于正负(负正)过渡状态，强度达到最弱，因此尾部压力显著升高。由此可知，在流场力的影响中，固定圆柱升阻力的大小和方向由脱体涡的强度决定，而振荡圆柱的升阻力则由圆柱位移对流场的作用决定。

图 4.5 所示为不同时刻，振荡圆柱因加速而诱导的压力 $\mathcal{C}_{pV}^{\theta}$ 分布。由推导可知，$\mathcal{C}_{pV}^{\theta}$ 的值由两个方向的惯性力组成，在 A 和 A' 时刻，法向加速度 $\dfrac{\mathrm{d}^2 l_y(t)}{\mathrm{d}t^2}$ 为 0，

沿流向圆柱位移接近平衡位置，$\dfrac{\mathrm{d}^2 l_x(t)}{\mathrm{d}t^2}$ 较小，因此 $\mathscr{C}_{pV}^\theta$ 值较小。在 C 和 C' 时刻，

流向加速度 $\dfrac{\mathrm{d}^2 l_x(t)}{\mathrm{d}t^2}$ 较小，法向加速度 $\dfrac{\mathrm{d}^2 l_y(t)}{\mathrm{d}t^2}$ 达到最大，因此 $\mathscr{C}_{pV}^\theta$ 值较大。在 $BDB'D'$

时刻，沿法向加速度 $\dfrac{\mathrm{d}^2 l_y(t)}{\mathrm{d}t^2}$ 绝对值相当，沿流向加速度 $\dfrac{\mathrm{d}^2 l_x(t)}{\mathrm{d}t^2}$ 的绝对值都达到最

大，因此 $\mathscr{C}_{pV}^\theta$ 幅值的绝对值相当，区别在于在 BB' 时刻指向负方向，而在 DD' 时刻
指向正方向。

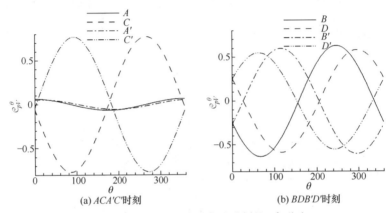

图 4.5　圆柱稳定振荡时典型时刻的 $\mathscr{C}_{pV}^\theta$ 分布

　　周期内惯性力和黏性阻尼力的变化如图 4.6 所示。在升力振动的一个周期内，
上下涡分别脱落一次，对应阻力振动两个周期，因此法向上惯性力和黏性阻尼力
的振动周期均为流向的 2 倍。另外，由式(4.11)和式(4.12)可知，惯性力与加速度
成正比，黏性阻尼力与速度成正比，因此两者的相位相差振动周期的 1/4。此外，
惯性力的绝对值比黏性阻尼力的绝对值大两个数量级。

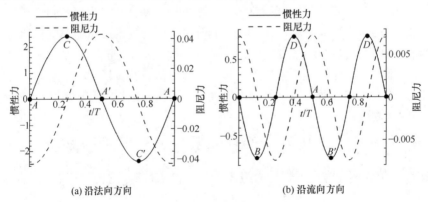

图 4.6　周期内惯性力和黏性阻尼力的变化

流场力和惯性力的变化导致升阻力变化，而 C_d-C_l 相图可以更好地体现升阻力的变化。固定圆柱和振荡圆柱的升阻力相图(图 4.7)是一个封闭的 Lissajou 曲线，且关于 C_l=0 对称。与图 4.2 中的时刻相对应，A 作为周期的起始时刻，曲线 $ABCD$ 和 $A'B'C'D'$ 分别对应圆柱法向位移为负和为正的两半周期。

图 4.7 中实线表示固定圆柱，其升阻力的变化仅来源于尾涡的作用。虚线表示振荡圆柱中流场力(包含尾涡和位移两者的作用效果)导致的升阻力相图。由于圆柱的位移对流场的作用较尾涡的作用占主导，其效果使升阻力曲线在尾涡作用的基础上沿垂直和水平方向均发生 180°翻转，且在法向和流向的振幅均增大。另外，惯性力改变了加速度方向上的升阻力。沿法向流场力叠加惯性力之后，使涡生振荡 C_{dF}-C_l 相图(图中点划线表示)在 C_{dF}-C_{lF} 相图的基础上曲线垂直翻转且振动幅度增大；同样，沿流向上的叠加，使 C_d-C_l 相图(图中双点划线表示)在 C_{dF}-C_l 相图的基础上水平翻转且振动幅度增大。由此可知，惯性力在总升阻力的变化中占主导作用。

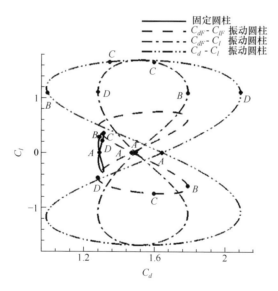

图 4.7 固定圆柱和振荡圆柱的升阻力相图

圆柱从固定至稳定振荡的法向位移和流向位移变化如图 4.8 和图 4.9 所示。B、C、D 点的定义与图 4.2 相对应，下标 i=0~4 分别对应不同的周期。图 4.8 中的圆柱在 C_0 时刻处于静止状态。当 t_1 = 446 时解除对圆柱的约束，圆柱沿法向的位移在升力的作用下振幅逐渐增大，对应图 4.8 中 C_1-C_3。之后，振幅缓慢增大并进入稳定振动状态，对应图中 C_4。

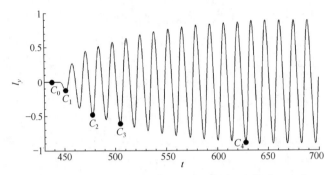

图 4.8 圆柱从固定到稳定振荡过程中的法向位移 l_y 变化

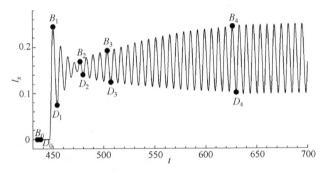

图 4.9 圆柱从固定到稳定振荡过程中的流向位移 l_x 变化

图 4.9 中 B_i、D_i 与图 4.8 中 C_i 对应相同的周期。圆柱在 $B_0 \sim D_0$ 时刻处于静止状态。当 $t_1 = 446$ 时，释放圆柱，圆柱在阻力的作用下，先向下游产生大幅度的位移，然后振幅先减小后增大，最后逐渐达到稳定。达到稳定振动状态时，流向振动的平衡位置位于初始位置的下游，这是由于平均阻力指向下游。另外，流向的振动频率是法向的 2 倍，这是由于在一个周期内，上下涡分别脱落一次，对应的升力振动一次，而阻力振动两次。

图 4.8 中的特征时刻对应的流场涡量如图 4.10 所示。圆柱在 C_0 时刻静止，流场呈现典型的卡门涡街。解除约束后，圆柱在升力的作用下，沿法向的位移逐渐增大，同时上下涡的强度也随之增大，导致两侧剪切层的强度发生改变。如前所述，由于位移的作用效果占主导，图 4.10 中圆柱下侧剪切层的强度大于上侧剪切层的强度；当圆柱稳定振动时，脱落涡的强度达到最大。

圆柱从固定到稳定振荡过程中 $B_i \sim D_i$($i = 0 \sim 4$) 时刻对应的流场涡量如图 4.11 所示。圆柱在 $B_0 \sim D_0$ 时刻静止，解除约束后，圆柱在阻力的作用下首先向下游产生大幅度位移，之后沿流向的振幅先减小后增大。圆柱在流向位移增大的过程中，B_i 和 D_i 时刻的流场特征越来越明显，其中在 B_i 时刻，圆柱尾部处于推壁面状态，因此位移的作用效果使尾部的二次涡增强，如图中 $B_1 \sim B_3$ 时刻所示；在 D_i 时刻，圆柱尾部处于吸壁面状态，因此位移的作用使尾部二次涡的强度减弱，如图中 $D_1 \sim D_3$ 时刻所示，且此时二次涡处于正负交替状态；当圆柱达到稳定的振动状态时，特征时刻的流场如图 $B_4 \sim D_4$ 时刻所示。

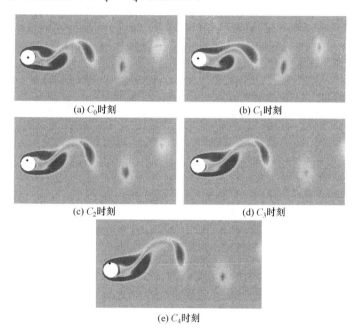

(a) C_0 时刻　　　　　　　　　　(b) C_1 时刻

(c) C_2 时刻　　　　　　　　　　(d) C_3 时刻

(e) C_4 时刻

图 4.10　圆柱从固定到稳定振荡过程中 $C_i\,(i=0\sim4)$ 时刻对应的流场涡量

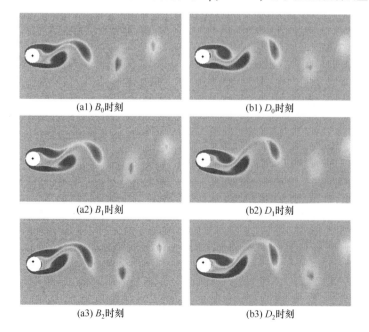

(a1) B_0 时刻　　　　　　　　　　(b1) D_0 时刻

(a2) B_1 时刻　　　　　　　　　　(b2) D_1 时刻

(a3) B_2 时刻　　　　　　　　　　(b3) D_2 时刻

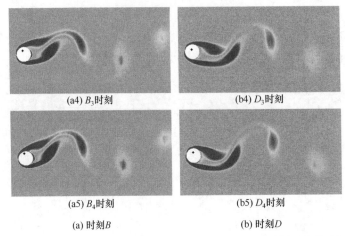

(a4) B_3时刻　　　　　　　　(b4) D_3时刻

(a5) B_4时刻　　　　　　　　(b5) D_4时刻

(a) 时刻B　　　　　　　　(b) 时刻D

图 4.11　圆柱从固定到稳定振荡过程中 $B_i \sim D_i\,(i=0\sim 4)$时刻对应的流场涡量

　　流场的变化导致升阻力的变化。图 4.12 是圆柱从固定到稳定振荡发展过程中升阻力 C_{dF}-C_{lF} 相图的变化曲线，其中 $ABCD$ 和 $A'B'C'D'$的定义与图 4.2 一致，下标 i 与图 4.8 和图 4.9 对应。圆柱从静止时开始，升阻力曲线对应 $A_0B_0C_0D_0 \sim A_0'B_0'C_0'D_0'$。释放后，在剪切层和二次涡的作用下，升阻力曲线的振幅逐渐加剧。由于圆柱位移和尾涡的作用效果相反且占主导，因此曲线发生 180°的反转，并且在阻力的作用下不断右移。至圆柱稳定振动时，对应升阻力曲线 $A_4B_4C_4D_4 \sim A_4'B_4'C_4'D_4'$。

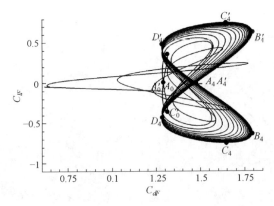

图 4.12　圆柱从固定到稳定振荡过程中升阻力相图的变化

　　升阻力的变化导致圆柱运动的改变。圆柱从固定到稳定振荡过程中运动轨迹的变化如图 4.13 所示，其中 $ABCD$ 和 $A'B'C'D'$的定义与图 4.2 类似，下标 i 与图 4.8 和图 4.9 对应。$A_0B_0C_0D_0 \sim A_0'B_0'C_0'D_0'$ 表示圆柱静止时的初始位置($l_x=0$，$l_y=0$)。解除约束后，在阻力的作用下，圆柱迅速向下游移动($l_x>0$)；同时，随

着升阻力振幅逐渐增大，圆柱位移振幅也逐渐增大，直至稳定的涡生振荡，此过程对应图中 $A_4B_4C_4D_4 \sim A_4'B_4'C_4'D_4'$。

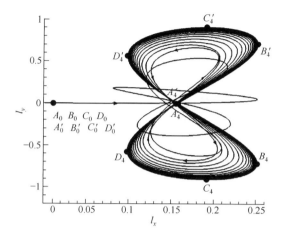

图 4.13　圆柱从固定到稳定振荡过程中运动轨迹的变化

4.5.2　剪切来流的影响

　　振动圆柱的位移相图 l_x-l_y 随剪切度 K 的变化如图 4.14 所示。在剪切流的作用下，振动圆柱的运动轨迹随着剪切度 K 的变化而变化。随着剪切度增大，振动圆柱的平衡位置逐渐向下侧移动。同时，在背景涡的作用下，上涡的强度增大，下涡的强度减小。$A'B'C'D'$ 表示的半周期对应上涡脱落的过程，$ABCD$ 表示的半周期对应下涡脱落的过程，因此闭合曲线 $A'B'C'D'$ 的振幅比 $ABCD$ 的振幅大。

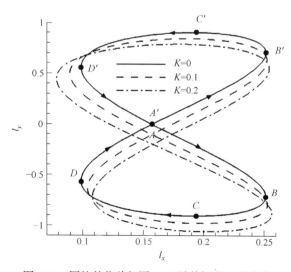

图 4.14　圆柱的位移相图 l_x-l_y 随剪切度 K 的变化

图 4.15 是 $Re=120$ 条件下，不同剪切度 K 的流场周期变化，其中 "+" 表示剪切度 $K=0$ 时圆柱位于初始位置的圆心。背景涡的作用使流场的对称性被破坏，进而使上涡的强度增强，下涡的强度减弱。随着剪切度 K 的增加，涡街逐渐向下侧漂移，且漂移的幅度增加，涡街的距离也逐渐增大。另外，振动圆柱的平衡位置也在剪切流的作用下向下侧移动。

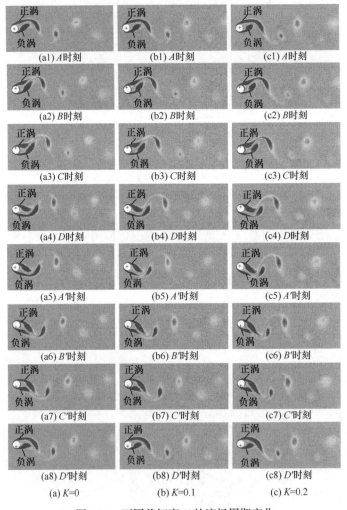

图 4.15　不同剪切度 K 的流场周期变化

压力 $\mathcal{C}_{pF}^{\theta}$ 分布随剪切度 K 的变化如图 4.16 所示，其中 $ABCD$ 和 $A'B'C'D'$ 分别与图 4.15 对应。剪切流的作用使前滞止点向上侧漂移，进而使压力分布曲线沿顺时针方向漂移，上侧压力增大，下侧压力减小，因此产生的升力方向指向下侧。

同时，升力的绝对值大小随着剪切度 K 的增加而增加。

由图 4.15 可知，剪切来流产生的背景涡作用使上涡增强，下涡减弱，因此上半周期的振幅增大，下半周期的振幅减小。随着剪切度 K 的增加，$B(B')$ 时刻的振幅几乎不变，而 D 时刻振幅减小，D' 时刻振幅增大。因此，$B(B')$ 时刻推壁面的效果没有明显变化，而 D 时刻吸壁面的作用减小，D' 时刻吸壁面的作用增大。如图 4.16(b) 和图 4.16(f) 所示，随着剪切度 K 的增加，$B(B')$ 时刻圆柱尾部的压力并没有明显变化。D 时刻和 D' 时刻吸壁面的作用分别明显地减小和增大，如图 4.16(d) 和图 4.1(h) 所示。由此可知，圆柱尾部的压力由推吸壁面的作用决定。

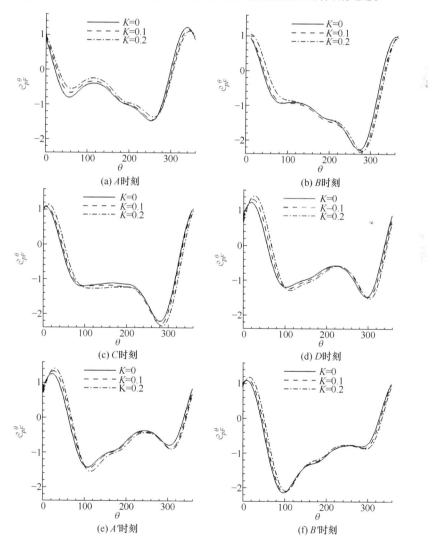

(a) A 时刻

(b) B 时刻

(c) C 时刻

(d) D 时刻

(e) A' 时刻

(f) B' 时刻

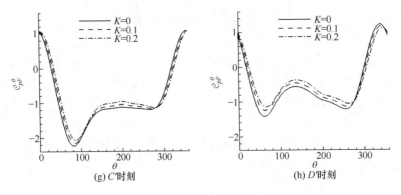

图 4.16　压力 c_{pF}^{θ} 分布随剪切度 K 的变化

不同剪切度条件下，升阻力 C_{dF} - C_{lF} 相图的变化如图 4.17 所示。曲线随着剪切度 K 的增加逐渐下移，这表示产生的升力方向指向下侧。同时，升力的绝对值随着剪切度 K 的增加而增加。

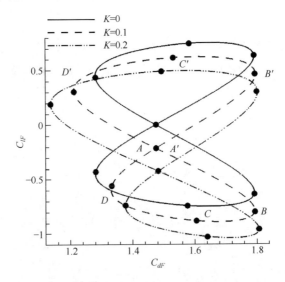

图 4.17　升阻力 C_{dF} - C_{lF} 相图随剪切度 K 的变化

以剪切度 K=0.2 为例讨论圆柱振动的动态过程。图 4.18 所示为圆柱从固定到稳定振动过程中的运动轨迹。与图 4.13 类似，圆柱在剪切流中由静止释放，然后逐渐振动，直至达到一种新的稳定状态（$A_4 B_4 C_4 D_4 \sim A_4' B_4' C_4' D_4'$）。区别在于，振动圆柱上半周期的振幅大于其下半周期的振幅，且此过程中圆柱的平衡位置逐渐向下侧漂移。

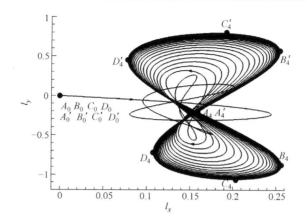

图 4.18　圆柱从固定到稳定振荡过程中(K=0.2)运动轨迹的变化

在剪切度 $K = 0.2$ 的条件下，圆柱的法向位移随时间的变化如图 4.19 所示。$t = 446$ 时释放圆柱，法向振幅首先迅速增大，如图中 $C_0 \sim C_2$（$C'_0 \sim C'_2$）所示。然后，振幅的增幅减小，振幅缓慢增大，如图中 $C_2 \sim C_4$（$C'_2 \sim C'_4$）所示。图 4.19 与图 4.8 的区别是，在剪切来流作用下，振动圆柱下半周期的振动增幅较上半周期大。

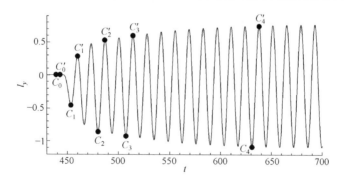

图 4.19　剪切来流(K=0.2)条件下圆柱法向位移随时间的变化

图 4.20 所示为剪切度 $K = 0.2$ 条件下，圆柱由静止到稳定振动过程中流向位移随时间的变化，其中 B'_i 和 D'_i 时刻分别对应周期内圆柱处于最下游和最上游的位置，且 B'_i 和 D'_i 时刻对应的周期与图 4.19 中 C_i 和 C'_i 时刻所对应的周期相一致。与图 4.9 相似，释放圆柱后，圆柱迅速向下游移动，流向位移立即增大，然后流向振幅迅速减小再缓慢增大，直至振动达到稳定，流向振幅趋于不变。同时，由于平均阻力指向下游，振动圆柱的平衡位置也位于初始位置的下游。图 4.20 与图 4.9 不同，由于脱落的上下涡的强度不再一样，圆柱沿法向和流向的振动频率不再是两倍的关系，因此阻力振动的一个周期对应升力振动的一个周期。

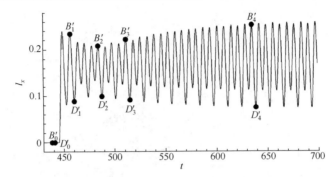

图 4.20　剪切来流(K=0.2)条件下流向位移随时间的变化

　　圆柱从固定到稳定振荡过程中，C_i（$i = 0 \sim 4$）时刻对应的流场涡量(K=0.2)如图 4.21 所示。圆柱在 C_0 和 C'_0 时刻静止，在背景涡的作用下，涡街向下侧漂移，且上涡的强度大于下涡。$t = 446$ 时刻释放圆柱，随着振幅的增大，涡街的漂移增大。背景涡的作用产生方向向下的升力，使圆柱的平衡位置向下漂移，因此 $C_1 \sim C_4$ 时刻圆柱的法向位移较 $C'_1 \sim C'_4$ 时刻的大。

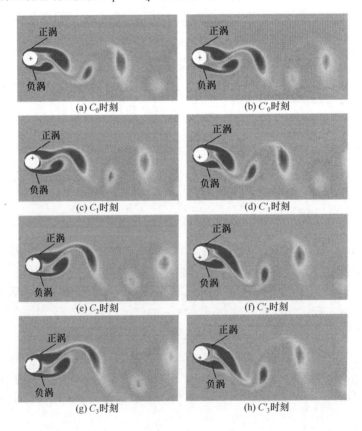

　　(a) C_0时刻　　　　　　　　　　　(b) C'_0时刻

　　(c) C_1时刻　　　　　　　　　　　(d) C'_1时刻

　　(e) C_2时刻　　　　　　　　　　　(f) C'_2时刻

　　(g) C_3时刻　　　　　　　　　　　(h) C'_3时刻

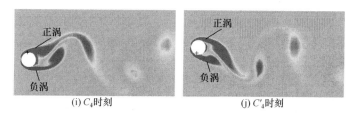

(i) C_4时刻　　　　　　　　　　(j) C'_4时刻

图 4.21　圆柱从固定到稳定振荡过程中 C_i ($i = 0 \sim 4$)时刻对应的流场涡量($K=0.2$)

图 4.20 中典型时刻 $B'_0 \sim B'_4$ 和 $D'_0 \sim D'_4$ 对应的流场涡量如图 4.22 所示，其

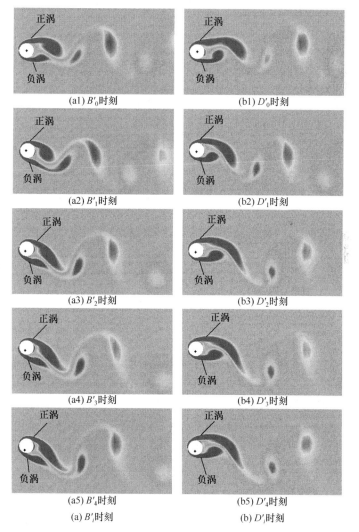

(a1) B'_0时刻　　　　　　　　　　(b1) D'_0时刻

(a2) B'_1时刻　　　　　　　　　　(b2) D'_1时刻

(a3) B'_2时刻　　　　　　　　　　(b3) D'_2时刻

(a4) B'_3时刻　　　　　　　　　　(b4) D'_3时刻

(a5) B'_4时刻　　　　　　　　　　(b5) D'_4时刻

(a) B'_i时刻　　　　　　　　　　(b) D'_i时刻

图 4.22　圆柱从固定到稳定振荡过程中 B_i、D_i ($i = 0 \sim 4$)时刻对应的流场涡量($K=0.2$)

中 B'_0、D'_0，$B'_1 \sim B'_3$，$D'_1 \sim D'_3$ 和 B'_4、D'_4 分别对应整个过程中圆柱静止、过渡过程和圆柱稳定振动时的流场。随着流向位移的增加，位移对流场的作用增大，即在流向振幅增大的过程中，由于推吸壁面的作用，二次涡的强度在 B'_i 时刻显著增大，在 D'_i 时刻逐渐减小。

圆柱从固定到稳定振荡的过程中，升阻力 $C_{dF} \sim C_{lF}$ 相图的变化($K=0.2$)如图 4.23 所示。释放圆柱后，升阻力相图在法向和流向上均发生类似图 4.12 的反转、旋转和延伸。由于圆柱位移、尾涡及背景涡共同作用，在振动发展直至稳定振动的过程中，A 点和 A' 点逐渐分离，如圆柱稳定振动时的升阻力相图 $A_4B_4C_4D_4 \sim A'_4B'_4C'_4D'_4$ 所示。

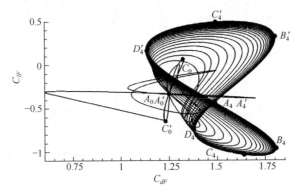

图 4.23　圆柱从固定到稳定振荡过程中升阻力 C_{dF} - C_{lF} 相图的变化($K=0.2$)

4.6　本　章　小　结

圆柱沿一个方向的位移仅改变该方向的惯性力，与另一方向的惯性力无关，但其对流场的作用可以同时改变两个方向的流场力。

圆柱受力由流场力、惯性力和黏性阻尼力组成，其中惯性力占主导。圆柱的流场力同时受到尾涡脱落和圆柱位移的影响，沿法向和流向分别通过改变剪切层和二次涡的强度来改变圆柱的受力和运动。沿法向，尾涡中主导涡的作用使圆柱一侧的剪切层增强，而圆柱位移的作用使另一侧的剪切层增强。沿流向，主导涡的作用使二次涡的强度变化，从而使圆柱尾部压力的变化也与位移的作用效果相反。其中圆柱位移的作用效果较尾涡脱落的作用效果占主导。

随着剪切度 K 的增加，流场的对称性受到破坏。背景涡的作用使上涡增强，下涡减弱，进而使上涡诱导的剪切层和二次涡的强度增大，下涡诱导的剪切层和二次涡的强度减小。因此，上涡主导的位移和升阻力的振幅较下涡主导的大。

第5章 电磁力控制两自由度涡生振荡

5.1 电 磁 力

与 3.1 节类似，圆柱表面附近形成电磁力场，产生的电磁力沿轴向平均后，F 的无量纲形式可以表示为[36,37]

$$F^* = NF \tag{5.1}$$

进而有

$$F_r = 0$$

$$F_\theta = \mathrm{e}^{-\alpha(r-1)}g(\theta), \quad g(\theta) = \begin{cases} 1, & \text{上表面} \\ -1, & \text{下表面} \\ 0, & \text{其他} \end{cases}$$

其中，*表示有量纲量；无*表示无量纲量；r 和 θ 表示极坐标方向分量；α 为电磁力在流体中的渗透深度；作用参数定义为 $N = \dfrac{J_0 B_0 a}{\rho u_\infty^2}$，$J_0$ 和 B_0 为电场强度和磁场强度，a 为圆柱半径，ρ 为流体密度，u_∞ 为来流速度。

5.2 流动守恒方程

电磁力作为一种体积力，按照一定时间或空间分布作用于流场，并未改变流场的边界条件，因此作为源项代入控制方程中，将坐标系建立在均匀来流下的振动圆柱上。对于不可压缩的二维流动，在指数极坐标 (ξ, η) 下，即 $r = \mathrm{e}^{2\pi\xi}$，$\theta = 2\pi\eta$，电磁力的无量纲形式涡量流函数方程为

$$H\frac{\partial\Omega}{\partial t} + \frac{\partial(U_r\Omega)}{\partial\xi} + \frac{\partial(U_\theta\Omega)}{\partial\eta} = \frac{2}{Re}\left(\frac{\partial^2\Omega}{\partial\xi^2} + \frac{\partial^2\Omega}{\partial\eta^2}\right) + NH^{\frac{1}{2}}\left(\frac{\partial F_\theta}{\partial\xi} + 2\pi F_\theta - \frac{\partial F_r}{\partial\eta}\right)$$

$$\frac{\partial^2\psi}{\partial\xi^2} + \frac{\partial^2\psi}{\partial\eta^2} = -H\Omega \tag{5.2}$$

其中，流函数 ψ 定义为 $\dfrac{\partial\psi}{\partial\eta} = U_r = H^{\frac{1}{2}}u_r$，$-\dfrac{\partial\psi}{\partial\xi} = U_\theta = H^{\frac{1}{2}}u_\theta$，$u_r$ 和 u_θ 为沿 r 和 θ

方向的速度分量；涡量 $\Omega = \dfrac{1}{H}\left(\dfrac{\partial U_\theta}{\partial \xi} - \dfrac{\partial U_r}{\partial \eta}\right)$；$H = 4\pi^2 e^{4\pi\xi}$。

此外，$Re = \dfrac{2u_\infty^* a^*}{v^*}$，$v^*$ 为运动黏度，无量纲时间 $t = \dfrac{t^* u_\infty^*}{a^*}$，无量纲距离 $r = \dfrac{r^*}{a^*}$。

释放对圆柱的约束，圆柱在涡的脱落作用下沿流向和法向振动。对涡量流函数方程进行伽利略变换，即

$$\psi = \psi' \frac{dl_x}{dt} e^{2\pi\xi} \sin(2\pi\eta) - \frac{dl_y}{dt} e^{2\pi\xi} \cos(2\pi\eta) \tag{5.3}$$

其中，'表示实验室静止坐标系，无'表示圆柱运动坐标系；l_x 和 l_y 为圆柱沿流向和法向的位移；$\dfrac{dl_x}{dt}$ 和 $\dfrac{dl_y}{dt}$ 为圆柱沿流向和法向的运动速度。

由此可得

$$-\frac{1}{H}\frac{\partial^2 \psi}{\partial \xi^2} = -\frac{1}{H}\frac{\partial^2 \psi'}{\partial \xi^2} + \frac{dl_x}{dt} e^{-2\pi\xi}\sin(2\pi\eta) + \frac{dl_y}{dt} e^{-2\pi\xi}\cos(2\pi\eta)$$

$$-\frac{1}{H}\frac{\partial^2 \psi}{\partial \eta^2} = -\frac{1}{H}\frac{\partial^2 \psi'}{\partial \eta^2} - \frac{dl_x}{dt} e^{-2\pi\xi}\sin(2\pi\eta) - \frac{dl_y}{dt} e^{-2\pi\xi}\cos(2\pi\eta) \tag{5.4}$$

且

$$\Omega' = -\frac{1}{H}\left(\frac{\partial^2 \psi'}{\partial \xi^2} + \frac{\partial^2 \psi'}{\partial \eta^2}\right) = -\frac{1}{H}\left(\frac{\partial^2 \psi}{\partial \xi^2} + \frac{\partial^2 \psi}{\partial \eta^2}\right) = \Omega$$

5.3　圆柱表面水动力

5.3.1　剪应力与压力

将主坐标系转换到实验室静止坐标系中，圆柱表面水动力记作 F^θ，该力的无量纲形式为

$$\mathscr{C}_F^\theta = \frac{F^\theta}{\rho u_\infty^2 / 2} = \sqrt{(\mathscr{C}_\tau^\theta)^2 + (\mathscr{C}_p^\theta)^2} \tag{5.5}$$

其中，$\mathscr{C}_\tau^\theta$ 和 $\mathscr{C}_p^\theta$ 为剪应力和压力。

剪应力为

$$\mathscr{C}_\tau^\theta = \frac{\tau_{r\theta}}{\rho u_\infty^2 / 2} = -\frac{4}{ReH}\frac{\partial^2 \psi'}{\partial \xi'^2} \tag{5.6}$$

由 $\dfrac{\partial^2\psi'}{\partial\xi^2}+\dfrac{\partial^2\psi'}{\partial\eta^2}=-H\Omega'$，有

$$\mathcal{C}_\tau^\theta=\frac{4}{Re}\left(\Omega'+\frac{1}{H}\frac{\partial^2\psi'}{\partial\eta'^2}\right)$$

在圆柱表面 $\psi'=\dfrac{\mathrm{d}l_x}{\mathrm{d}t}\sin(2\pi\eta)+\dfrac{\mathrm{d}l_y}{\mathrm{d}t}\cos(2\pi\eta)$ 且 $\Omega'=\Omega$，因此有

$$\mathcal{C}_\tau^\theta=\mathcal{C}_{\tau F}^\theta+\mathcal{C}_{\tau V}^\theta \tag{5.7}$$

其中，$\mathcal{C}_{\tau F}^\theta=\dfrac{4}{Re}\Omega$；$\mathcal{C}_{\tau V}^\theta=-\dfrac{4}{Re}\left(\dfrac{\mathrm{d}l_x}{\mathrm{d}t}\sin(2\pi\eta)+\dfrac{\mathrm{d}l_y}{\mathrm{d}t}\cos(2\pi\eta)\right)$。

此时，剪切力由流场力 $\mathcal{C}_{\tau F}^\theta$ 和黏性阻尼力 $\mathcal{C}_{\tau V}^\theta$ 组成，其中流场力与圆柱表面的涡通量有关，黏性阻尼力仅与黏性流体中的运动有关，Re 一定时，与流场无关。

压力分布系数 $\mathcal{C}_p^\theta$ 为

$$\mathcal{C}_p^\theta=\frac{F^\theta}{\rho u_\infty^2/2}=\frac{p_\theta-p_\infty}{\rho u_\infty^2/2}=P_\theta-P_\infty \tag{5.8}$$

其中，$P=\dfrac{p}{\rho u_\infty^2/2}$ 为无量纲压力；p 为来流的压力值。

由运动坐标中的动量方程，可得

$$P_\theta-P_0=\frac{4}{Re}\int_0^\eta\frac{\partial\Omega}{\partial\xi}\mathrm{d}\eta+4\left(\frac{\mathrm{d}^2l_x}{\mathrm{d}t^2}\cos(2\pi\eta)+\frac{\mathrm{d}^2l_y}{\mathrm{d}t^2}\sin(2\pi\eta)\right) \tag{5.9}$$

$$P_\infty-P_0=-4\pi\int_0^\infty\frac{\partial u_r}{\partial t}\mathrm{e}^{2\pi\xi}\mathrm{d}\xi-1-2\int_0^\infty u_\theta\frac{\partial u_r}{\partial\eta}\mathrm{d}\xi+4\pi\int_0^\infty u_\theta^2\mathrm{d}\xi-\frac{4}{Re}\int_0^\infty\frac{\partial\Omega}{\partial\eta}\mathrm{d}\xi \tag{5.10}$$

因此，有

$$\mathcal{C}_p^\theta=P_\theta-P_\infty=\mathcal{C}_{pF}^\theta+\mathcal{C}_{pL}^\theta+\mathcal{C}_{pV}^\theta \tag{5.11}$$

其 中，$\mathcal{C}_{pF}^\theta=\dfrac{4}{Re}\displaystyle\int_0^\eta\frac{\partial\Omega}{\partial\xi}\mathrm{d}\eta+\mathcal{C}_p^0$；$\mathcal{C}_p^0=1+4\pi\displaystyle\int_0^\infty\frac{\partial u_r}{\partial t}\mathrm{e}^{2\pi\xi}\mathrm{d}\xi+2\displaystyle\int_0^\infty u_\theta\frac{\partial u_r}{\partial\eta}\mathrm{d}\xi-$

$4\pi\displaystyle\int_0^\infty u_\theta^2\mathrm{d}\xi+\dfrac{4}{Re}\displaystyle\int_0^\infty\frac{\partial\Omega}{\partial\eta}\mathrm{d}\xi$；$\mathcal{C}_{pL}^\theta=4\pi N\displaystyle\int_0^\eta F_\theta\big|_{\xi=0}\,\mathrm{d}\eta$；$\mathcal{C}_{pV}^\theta=4\left(\dfrac{\mathrm{d}^2l_x}{\mathrm{d}t^2}\cos(2\pi\eta)+\right.$

$\left.\dfrac{\mathrm{d}^2l_y}{\mathrm{d}t^2}\sin(2\pi\eta)\right)$。

此时，压力 $\mathcal{C}_p^\theta$ 由流场力 $\mathcal{C}_{pF}^\theta$、惯性力 $\mathcal{C}_{pV}^\theta$ 和电磁压力(由壁面电磁力产生) $\mathcal{C}_{pL}^\theta$ 组成。流场力受到流场电磁力的影响。

5.3.2 阻力和升力

压力和剪应力分别沿流向和法向分解，可得

$$\mathcal{C}_d^\theta = \mathcal{C}_p^\theta \cos(2\pi\eta) + \mathcal{C}_\tau^\theta \sin(2\pi\eta),$$

$$\mathcal{C}_l^\theta = \mathcal{C}_p^\theta \sin(2\pi\eta) + \mathcal{C}_\tau^\theta \cos(2\pi\eta),$$

其中，d 和 l 分别表示阻力和升力[121]。

将力的分布函数沿圆柱表面积分，可得到总力的无量纲形式，即

$$C = \frac{F}{\rho u_\infty^2 a}$$

因此，总阻力 C_d 可写为

$$C_d = \int_0^{2\pi} \mathcal{C}_d^\theta \, \mathrm{d}\theta = C_{dF} + C_{dL} + C_{dV} \tag{5.12}$$

其中，$C_{dF} = \dfrac{2}{Re}\displaystyle\int_0^1 \left(2\pi\Omega - \dfrac{\partial\Omega}{\partial\xi}\right)\sin(2\pi\eta)\mathrm{d}\eta$; $C_{dL} = -2\pi N \displaystyle\int_0^1 F_\theta \mid_{\xi=0} \sin(2\pi\eta)\mathrm{d}\eta$; $C_{dV} =$

$-4\pi\dfrac{\mathrm{d}^2 l_x}{\mathrm{d}t^2} - \dfrac{4\pi}{Re}\dfrac{\mathrm{d}l_x}{\mathrm{d}t}$ 。

总升力 C_l 可写为

$$C_l = \int_0^{2\pi} \mathcal{C}_l^\theta \, \mathrm{d}\theta = C_{lF} + C_{lL} + C_{lV} \tag{5.13}$$

其中，$C_{lF} = \dfrac{2}{Re}\displaystyle\int_0^1 \left(2\pi\Omega - \dfrac{\partial\Omega}{\partial\xi}\right)\cos(2\pi\eta)\mathrm{d}\eta$; $C_{lL} = -2\pi N \displaystyle\int_0^1 F_\theta \mid_{\xi=0} \cos(2\pi\eta)\mathrm{d}\eta$;

$C_{lV} = -4\pi\dfrac{\mathrm{d}^2 l_y}{\mathrm{d}t^2} - \dfrac{4\pi}{Re}\dfrac{\mathrm{d}l_y}{\mathrm{d}t}$ 。

由式(5.12)和式(5.13)可以看出，圆柱沿两个方向的位移 l_x 和 l_y 仅改变本方向的惯性力 C_{dV} 和 C_{lV}，与另一方向的惯性力无关。其对流场的作用(Ω 同时随 l_x 和 l_y 变化)可以同时改变两个方向的流场力 C_{dF} 和 C_{lF}。

于是，圆柱的总阻力和总升力分别为

$$C_d = C_{dF} + C_{dL} - 4\pi\frac{\mathrm{d}^2 l_x}{\mathrm{d}t^2} - \frac{4\pi}{Re}\frac{\mathrm{d}l_x}{\mathrm{d}t}$$

$$C_l = C_{lF} + C_{lL} - 4\pi\frac{\mathrm{d}^2 l_y}{\mathrm{d}t^2} - \frac{4\pi}{Re}\frac{\mathrm{d}l_y}{\mathrm{d}t} \tag{5.14}$$

显然，式(5.14)中作用于圆柱的升阻力由四部分组成。方程右侧第一项 C_{dF} 和 C_{lF} 为流场力，与圆柱表面的涡量和涡通量有关，该值受场电磁力的影响；第二项 C_{dL} 和 C_{lL} 为电磁升力，仅与壁面电磁力有关，而与流动无关，电磁力对称分布时，$C_{lL} = 0$；第四项 $-\dfrac{4}{Re}\dfrac{\mathrm{d}l_x}{\mathrm{d}t}$ 和 $-\dfrac{4}{Re}\dfrac{\mathrm{d}l_y}{\mathrm{d}t}$ 为黏性阻尼力，与 Re 和圆柱的运动速度有关；第三项 $-4\dfrac{\mathrm{d}^2l_x}{\mathrm{d}t^2}$ 和 $-4\dfrac{\mathrm{d}^2l_y}{\mathrm{d}t^2}$ 为惯性力，与圆柱的加速度有关。后三项均与流场的变化无关。

5.4　圆柱运动方程

圆柱受力的变化会导致圆柱运动改变。根据 5.3 节得到的圆柱总升阻力，将其代入圆柱的运动方程，可以得到圆柱的位移和速度等运动相关的物理量。

由于圆柱同时沿流向和法向振动，则有量纲的圆柱运动方程，即

$$m^*\frac{\mathrm{d}^2 l_i^*}{\mathrm{d}t^{*2}} + W_i\frac{\mathrm{d}l_i^*}{\mathrm{d}t^*} + Q_i l_i^* = F_i^* \tag{5.15}$$

其中，下标 $i = x$ 和 $i = y$ 为沿流向和法向的参数；m^* 为单位长度圆柱的质量；W_i 为结构阻尼系数；Q_i 为弹性回复系数，$Q_i = 4\pi^2 m_{viri}^* f_{ni}^{*2} = m_{viri}^* \omega_{ni}^{*2}$，$f_{ny}^{*2} = f_{nx}^{*2}/2$ 为圆柱的固有频率；m_{vir}^* 为虚拟质量，$m_{vir}^* = m^* + \Delta m^*$，$\Delta m^*$ 为附加质量[120,121]；F_i^* 为升力。

进一步引入质量 $m = \dfrac{m^*}{\pi\rho^* a^{*2}} = \dfrac{\rho_{cyl}^*}{\rho^*}$，$\rho_{cyl}^*$ 和 ρ^* 分别表示圆柱密度和流体密度；频率 $f_i = f_i^* u_\infty^*/a^*$ 和结构阻尼 $\varsigma_i = \dfrac{W_i}{\pi\rho^* a^* u_\infty^*}$，则无量纲的圆柱运动方程为

$$m\frac{\mathrm{d}^2 l_i}{\mathrm{d}t^2} + \varsigma\frac{\mathrm{d}l_i}{\mathrm{d}t} + m_{viri}\left(\frac{\omega_{ni}}{\omega_i}\right)^2 \omega_i^2 l_i = F_i \tag{5.16}$$

其中，$\omega = 2\pi f$。

当圆柱自锁时，涡的脱体频率与圆柱的固有频率是同步的，即 f_{ni}/f_i 为常数。式(5.14)可写为

$$F_x = \frac{C_d}{\pi} = \frac{C_{dF}}{\pi} + \frac{C_{dL}}{\pi} - \frac{4}{Re}\frac{\mathrm{d}l_x}{\mathrm{d}t} - 4\frac{\mathrm{d}^2l_x}{\mathrm{d}t^2}$$

$$F_y = \frac{C_l}{\pi} = \frac{C_{lF}}{\pi} + \frac{C_{dL}}{\pi} - \frac{4}{Re}\frac{\mathrm{d}l_y}{\mathrm{d}t} - 4\frac{\mathrm{d}^2l_y}{\mathrm{d}t^2} \tag{5.17}$$

5.5 闭环控制的电磁力

为了能控制圆柱回到特定位置，电磁力需随着流场和圆柱运动状态的变化而变化。当圆柱回到初始位置时，总阻力 $C_d = 0$，因此引入总阻力 $C_d = 0$ 的闭环控制，即

$$C_d = \int_0^{2\pi} \mathcal{C}_d^\theta \, \mathrm{d}\theta = 0$$

$$= \frac{2}{Re} \int_0^1 \left(2\pi\Omega - \frac{\partial\Omega}{\partial\xi} \right) \sin(2\pi\eta)\mathrm{d}\eta - 4\pi \left(\frac{\mathrm{d}^2 l_x}{\mathrm{d}t^2} + \frac{1}{Re}\frac{\mathrm{d}l_x}{\mathrm{d}t} \right) - 2\pi N(t) \int_0^1 F_\theta\big|_{\xi=0} \sin(2\pi\eta)\mathrm{d}\eta$$

可得

$$N(t) = \frac{\displaystyle\int_0^1 \left(2\pi\Omega - \frac{\partial\Omega}{\partial\xi} \right)\sin(2\pi\eta)\mathrm{d}\eta - 2\pi\left(Re\frac{\mathrm{d}^2 l_x}{\mathrm{d}t^2} + \frac{\mathrm{d}l_x}{\mathrm{d}t} \right)}{\pi Re \displaystyle\int_0^1 F_\theta \sin(2\pi\eta)\mathrm{d}\eta} \tag{5.18}$$

由此可知，在总阻力 $C_d = 0$ 的闭环控制中，电磁力的大小随流场和圆柱运动的改变而变化。

5.6 数 值 方 法

在均匀来流条件下，有如下边界条件。

$\xi = \xi_\infty$ 处有

$$\psi = -2\mathrm{sh}(2\pi\xi)\sqrt{\left(1 + \frac{\mathrm{d}l_x}{\mathrm{d}t}\right)^2 + \left(\frac{\mathrm{d}l_y}{\mathrm{d}t}\right)^2}\,\sin(2\pi\eta + \theta_0), \quad \Omega = 0 \tag{5.19}$$

$\xi = 0$ 处有

$$\frac{\partial^2\psi}{\partial\eta^2} = 0, \quad \Omega = -\frac{1}{H}\frac{\partial^2\psi}{\partial\xi^2} \tag{5.20}$$

初始条件如下。

$\xi = 0$ 处有

$$\Omega = -\frac{1}{H}\frac{\partial^2\psi}{\partial\xi^2}, \quad \psi = 0 \tag{5.21}$$

$\xi > 0$ 处有

$$\Omega = 0 , \quad \psi = -2\mathrm{sh}(2\pi\xi)\sin(2\pi\eta) \tag{5.22}$$

数值计算中的流固耦合过程如图 5.1 所示。$t > t_1$ 时刻的数值过程(如图 5.1 中黑色箭头所示过程)与图 4.1 一致。当 $t > t_2$ 时(t_2 表示施加常电磁力的时刻),电磁力通过改变流场和直接作用于圆柱来改变升阻力(如图 5.1 中浅色箭头所示),之后的过程与未加电磁力时的过程类似。在闭环控制中,电磁力的大小不再是一个定值,通过流场和圆柱运动的反馈再结合式(5.18)得到的 $N(t)$(如图 5.1 中深色箭头所示),之后的过程与常电磁力控制的过程类似。

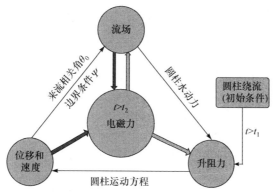

图 5.1　数值计算中的流固耦合过程

数值计算时,动量方程使用 ADI 格式,连续性方程采用 FFT 格式[102-104,120,121]。圆柱的运动可以利用 Runge-Kutta 法求解式(5.16)得到。本书的计算在步长 $\Delta\xi = 0.004$、$\Delta\eta = 0.004$,$\Delta t = 0.005$ 条件下得到的。计算中的输入参数包括流体的密度 $\rho = 1.0\times10^3\,\mathrm{kg/m^3}$、运动黏度 $\nu = 1.0\times10^{-6}\,\mathrm{m^2/s}$、自由来流速度 $u_\infty = 6\times10^{-3}\,\mathrm{m/s}$、圆柱半径 $a = 1.0\times10^{-2}\,\mathrm{m}$(因此 $Re = \dfrac{2u_\infty a}{\nu} = 120$)、圆柱密度 $\rho_{cyl} = 2.6\times10^3\,\mathrm{kg/m^3}$。对于黏性流体中的涡生振荡,结构阻尼很小时可以忽略不计[111]。为了突出黏性阻尼力 $\left(\dfrac{4}{Re}\dfrac{\mathrm{d}l_i}{\mathrm{d}t}\right)$ 的效果,可以假设结构阻尼 $W_i = 0$。

5.7　结果与讨论

5.7.1　电磁力对尾涡及圆柱位移的影响

为了揭示电磁力控制的减振减阻机理,我们以不同大小的常电磁力控制为例进行讨论,其对应的相互作用参数 N 分别是 $N=0.5$、$N=0.8$、$N=2.5$。电磁力作用下涡生振荡流场的周期变化如图 5.2 所示,其中 $ABCD$ 和 $A'B'C'D'$ 的定义与图 4.2

一致。未加电磁力时，涡街由两排方向相反的涡列组成，与图 4.3 一致。由图 5.2 可见，电磁力可以增大边界层附近流体的动量，增强流体克服逆压梯度的能力，进而使流体分离受到抑制，尾涡被拉长。在电磁力的作用下，圆柱上下剪切层和尾部二次涡的强度减小，导致圆柱沿法向和流向的振动受到抑制。同时，随着电磁力的增大，圆柱的平衡位置逐渐向上游移动。当电磁力足够大(N=2.5)时，涡的脱落和圆柱振动被完全抑制，如图 5.2(d)所示。

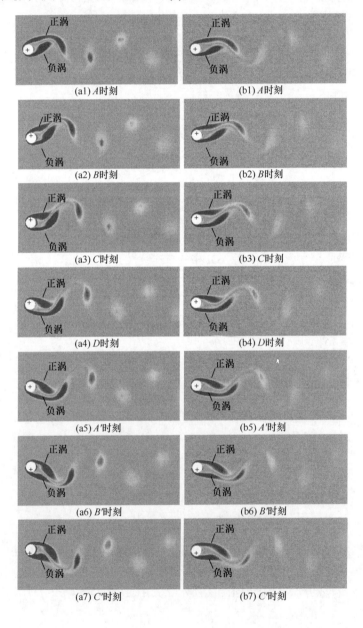

(a1) A时刻　　　　　　　　　(b1) A时刻

(a2) B时刻　　　　　　　　　(b2) B时刻

(a3) C时刻　　　　　　　　　(b3) C时刻

(a4) D时刻　　　　　　　　　(b4) D时刻

(a5) A'时刻　　　　　　　　　(b5) A'时刻

(a6) B'时刻　　　　　　　　　(b6) B'时刻

(a7) C'时刻　　　　　　　　　(b7) C'时刻

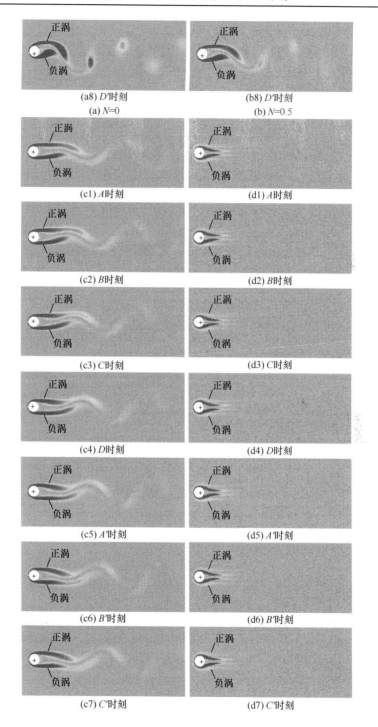

(a8) D'时刻　　　　　　　(b8) D'时刻

(a) N=0　　　　　　　　(b) N=0.5

(c1) A时刻　　　　　　　(d1) A时刻

(c2) B时刻　　　　　　　(d2) B时刻

(c3) C时刻　　　　　　　(d3) C时刻

(c4) D时刻　　　　　　　(d4) D时刻

(c5) A'时刻　　　　　　　(d5) A'时刻

(c6) B'时刻　　　　　　　(d6) B'时刻

(c7) C'时刻　　　　　　　(d7) C'时刻

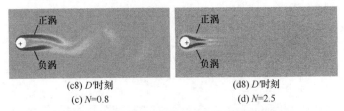

(c8) D'时刻　　　　　　　　　　　　(d8) D'时刻
(c) $N=0.8$　　　　　　　　　　　　　(d) $N=2.5$

图 5.2　电磁力作用下涡生振荡流场的周期变化

由式(5.11)可知, 施加电磁力时, 圆柱表面的压力由电磁压力 $\mathcal{C}_{pL}^{\theta}$、流场力 $\mathcal{C}_{pF}^{\theta}$ 和惯性力 $\mathcal{C}_{pV}^{\theta}$ 组成。图 5.3 表示不同电磁力作用下, 壁面电磁力诱导的电磁压力 $\mathcal{C}_{pL}^{\theta}$ 在圆柱表面的分布图。壁面电磁力与流场和圆柱振动无关, 因此其产生的电磁压力 $\mathcal{C}_{pL}^{\theta}$ 独立于流动且不随时间变化。由图 5.3 可知, 圆柱表面的电磁压力皆处于正值, 其分布关于 $\theta=180°$ 对称, 且在 $\theta=180°$ 处取最大值。显然, 在对称电磁力下, 壁面电磁力诱导的电磁压力对升力没有影响, 但其在阻力方向会产生推力, 使阻力减小, 且推力的大小随着相互作用参数 N 的增大而增大。

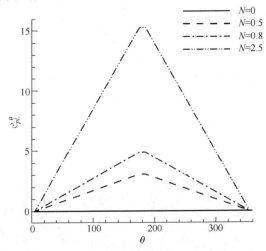

图 5.3　不同强度电磁力作用下的 $\mathcal{C}_{pL}^{\theta}$ 分布

不同强度电磁力作用下的 $\mathcal{C}_{pF}^{\theta}$ 分布如图 5.4 所示, 其中 $ABCD$ 和 $A'B'C'D'$ 的定义与图 4.2 一致。由此可见, 电磁力对流场的作用(流场电磁力)使圆柱背风面的压力明显减小, 进而使阻力增大。与图 5.3 相比, 壁面电磁力产生的推力效果大于流场电磁力产生的增阻效果。同时, 随着电磁力的增大, 不同时刻的流场力 $\mathcal{C}_{pF}^{\theta}$ 分布均趋向于一致且关于 $\theta=180°$ 对称。流场力 $\mathcal{C}_{pF}^{\theta}$ 的周期性变化受到抑制, 使阻力和升力的振幅减小, 导致圆柱的振动减小。当电磁力足够大时, 如 $N=2.5$, 流场力 $\mathcal{C}_{pF}^{\theta}$ 的分布不再变化, 因此两自由度涡生振荡被完全抑制。

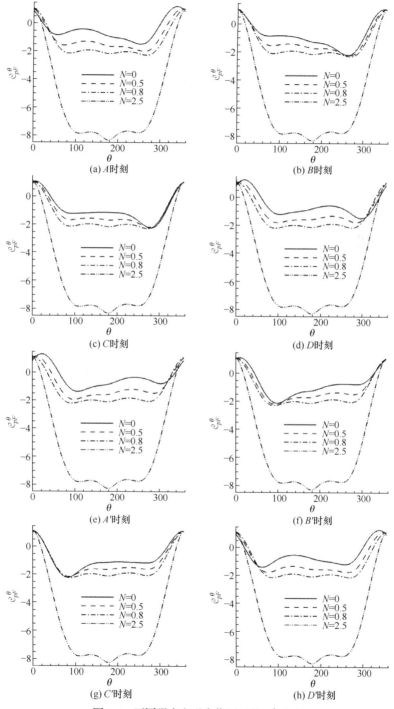

图 5.4　不同强度电磁力作用下的 $\mathcal{C}_{pF}^{\theta}$ 分布

不同强度电磁力作用下的 $\mathscr{C}_{pV}^{\theta}$ 分布如图 5.5 所示。由式(5.11)可知，惯性力的大小由加速度的大小决定。未加电磁力时，A 时刻圆柱的加速度 $\dfrac{\mathrm{d}^2 l_y(t)}{\mathrm{d}t^2}$ 和 $\dfrac{\mathrm{d}^2 l_x(t)}{\mathrm{d}t^2}$ 很小，此时惯性力的绝对值也很小；C 时刻圆柱的加速度达到最大值，此时惯性力的绝对值最大；B、D 时刻两者沿流向的惯性力大小相当，但方向相反。由此可知，惯性力的绝对值随着电磁力的增大而减小。原因是，电磁力的作用抑制流场的变化，流场趋于定常，圆柱沿法向和流向的加速度 $\dfrac{\mathrm{d}^2 l_y(t)}{\mathrm{d}t^2}$ 和 $\dfrac{\mathrm{d}^2 l_x(t)}{\mathrm{d}t^2}$ 减小。当电磁力足够大时，如 $N=2.5$，圆柱振动被完全抑制，两个方向的加速度变为零，惯性力亦变为零。

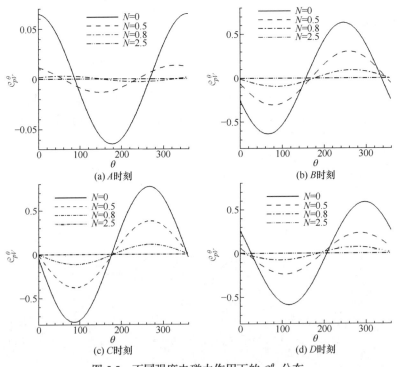

图 5.5　不同强度电磁力作用下的 $\mathscr{C}_{pV}^{\theta}$ 分布

压力的变化引起升阻力的变化。不同电磁力作用下的升阻力相图如图 5.6 所示，其中 $ABCD$ 和 $A'B'C'D'$ 的定义与图 4.2 一致。随着 N 的增大，电磁力的作用使圆柱表面压力的振荡逐渐减小，进而导致升阻力的振荡逐渐减小，曲线不断衰减、萎缩。同时，流场电磁力的效果是增阻的，因此升阻力曲线不断向右移动。当电磁力足够大时，升阻力的振动被完全消除，升阻力相图 C_{dF}-C_{lF} 萎缩成一点，如图 5.6 中的 N=2.5。

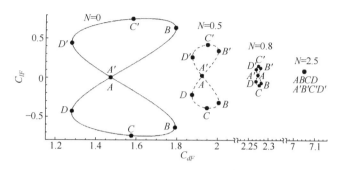

图 5.6　不同电磁力作用下的升阻力相图

　　升阻力的变化导致圆柱运动的改变。在不同电磁力的作用下，稳定振动的圆柱运动轨迹如图 5.7 所示，其中 $ABCD$ 和 $A'B'C'D'$ 的定义与图 4.2 一致。电磁力的增大导致升阻力的振动减小，圆柱位移的振幅也逐渐减小。同时，由于壁面电磁力产生的推力大于流场电磁力产生的增阻效果，圆柱的总阻力减小，因此平衡位置向上游移动。当电磁力足够大(N=2.5)时，升阻力的振动被完全消除，圆柱不再振动。同时，壁面电磁力产生的推力足够大，导致总阻力为负值，圆柱最终停留在初始位置的上游。

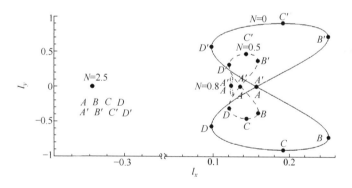

图 5.7　不同电磁力作用下稳定振动的圆柱运动轨迹

　　圆柱振动和电磁控制全过程中的位移变化如图 5.8 所示，其中 B、C、D 点的定义与图 4.2 相同，下标 i = 0 ~ 7 对应不同的周期。图 5.8(a)中，圆柱在 C_0 时刻处于静止状态，当 t = 446 时，释放对圆柱的约束，圆柱在升力的作用下，法向上的振幅迅速增大，如图中 C_1~C_3 时刻所示，之后振幅缓慢增大并进入稳定振动状态，如图中 C_4 时刻所示。在 t = 650 时刻施加电磁力，圆柱沿法向上的振幅迅速减小，如图中 C_5~C_6 (N=0.5)所示，最终稳定在较小的振幅上振动，如图中 C_7 (N=0.5)所示。当电磁力足够大(N=2.5)时，圆柱在法向上的振动完全被消除。

图 5.8(b)中的 B_i 与 D_i 与图 5.9(a)中的 C_i 对应相同的周期。圆柱在 B_0、D_0 时刻亦处于静止状态，$t = 446$ 时刻释放圆柱后，圆柱在阻力的作用下首先向下游产生大幅度的位移，然后振幅先减小后增大，最后逐渐达到稳定，其中 B_i 与 D_i 分别表示周期内圆柱处于最上游和最下游所对应的时刻。达到稳定振动状态时，流向振动的平衡位置位于初始位置的下游，这是由于平均阻力指向下游方向。在 $t = 650$ 时刻施加电磁力，圆柱在流向上的振幅减小，电磁力产生的推力使圆柱的平衡位置向上游移动(N=0.5)。当电磁力足够大时，圆柱的振动被完全消除，且在推力的作用下，静止在初始位置的上游(N=2.5)。

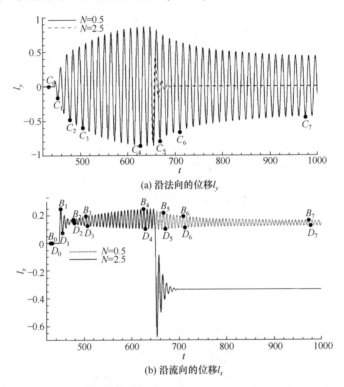

(a) 沿法向的位移 l_y

(b) 沿流向的位移 l_x

图 5.8　圆柱振动和电磁控制全过程中的位移变化

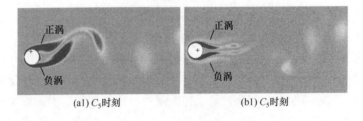

(a1) C_5 时刻　　　　　　　　(b1) C_5 时刻

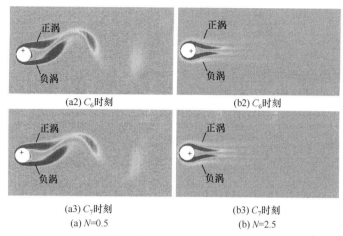

(a2) C_6时刻　　　　　　　　　　(b2) C_6时刻

(a3) C_7时刻　　　　　　　　　　(b3) C_7时刻

(a) N=0.5　　　　　　　　　　(b) N=2.5

图 5.9　电磁力抑制过程中 C_i ($i=5\sim7$)时刻对应的流场涡量

　　电磁力抑制过程中，C_i ($i=5\sim7$)时刻对应的流场涡量如图 5.9 所示。由此可知，施加电磁力之后，由于圆柱边界层内的动量增大，圆柱表面分离点逐渐后移，尾涡逐渐被拉长，圆柱沿法向的振幅逐渐减小(N=0.5)。当电磁力足够大时，圆柱表面分离点消失，尾涡被消除，最终流场达到定常，法向振动被完全消除(N=2.5)。

　　电磁力抑制过程中，B_i、D_i ($i=5\sim7$)时刻对应的流场涡量如图 5.10 所示。由此可知，施加电磁力之后，流向位移的振幅减小，圆柱的尾涡和推吸壁面的效果逐渐减小，二次涡的强度逐渐减小，如图 5.10(a)所示。当电磁力足够大时，圆柱在壁面电磁力产生的推力 C_{dL} 的作用下，向上游漂移，由于沿流向位移的振动逐渐减小至恒定，圆柱的尾涡和推吸壁面的效果逐渐被消除，最终流场达到定常，如图 5.10(b)所示。

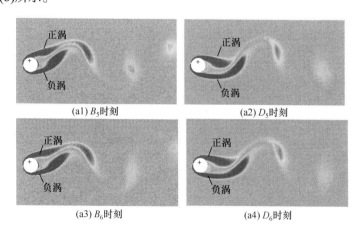

(a1) B_5时刻　　　　　　　　　　(a2) D_5时刻

(a3) B_6时刻　　　　　　　　　　(a4) D_6时刻

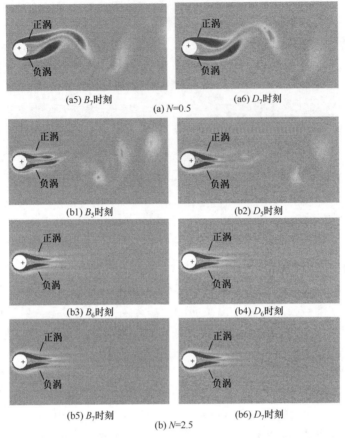

(a5) B_7时刻　　　　　　　　　(a6) D_7时刻

(a) $N=0.5$

(b1) B_5时刻　　　　　　　　　(b2) D_5时刻

(b3) B_6时刻　　　　　　　　　(b4) D_6时刻

(b5) B_7时刻　　　　　　　　　(b6) D_7时刻

(b) $N=2.5$

图 5.10　电磁力抑制过程中 B_i、D_i ($i=5\sim7$)时刻对应的流场涡量

　　涡生振荡发展和电磁力抑制过程中升阻力相图的变化如图 5.11 所示。圆柱由固定到稳定振荡时段的相图与图 4.12 相同。施加电磁力后,由于流场电磁力增阻,曲线从左向右延伸,并且升阻力的振幅逐渐减小,原曲线形成的"8"字不断萎缩,最终稳定在一个幅度较小的"8"字,如图 5.11(a)所示。当电磁力足够大时,原曲线

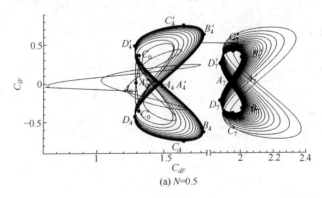

(a) $N=0.5$

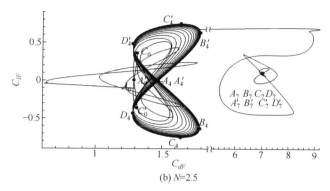

图 5.11　涡生振荡发展和电磁力抑制过程中升阻力相图的变化

迅速萎缩，对应的曲线 $A_7B_7C_7D_7 \sim A_7'B_7'C_7'D_7'$ 汇聚成一点，表明圆柱升阻力的振幅迅速减小至 0，如图 5.11(b) 所示。另外，流场电磁的作用是增阻的，考虑壁面电磁力产生推力且占主导作用，因此总阻力是减小的。

涡生振荡发展和电磁力抑制过程运动轨迹的变化如图 5.12 所示。圆柱由固定

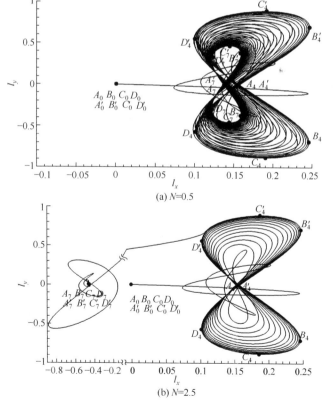

图 5.12　涡生振荡发展和电磁力抑制过程运动轨迹的变化

到稳定振荡时段的相图与图 4.13 相同。施加电磁力后，在壁面电磁力产生的推力作用下，圆柱向上游漂移。在流场电磁力的作用下，升阻力的振动受到抑制，导致位移在法向和流向上的振幅减小，因此"8"字形轨迹迅速萎缩，如图 5.12(a) 所示。当电磁力足够大时，位移在法向和流向上的振幅减小至 0，对应的曲线 $A_7B_7C_7D_7 \sim A_7'B_7'C_7'D_7'$ 汇聚成一点，并在壁面电磁力的推力作用下，圆柱最终稳定在初始位置的上游，如图 5.12(b)所示。

5.7.2　总阻力为零的电磁力闭环控制

由式(5.18)可知，在基于总阻力 $C_d = 0$ 的闭环控制中，电磁力 $N(t)$ 由流场和圆柱的振动决定，因此电磁力 $N(t)$ 随流场和圆柱位移的变化而变化。闭环控制电磁力随时间的变化如图 5.13 所示。在 $t = 650$ 时刻施加闭环控制，电磁力先迅速增大，然后周期性振动，振幅逐渐减小。这是由于闭环控制的电磁力需随着流场和阻力的周期变化而变化。至 $t = 1960$ 时刻，流场和阻力趋于稳定，因此电磁力的大小也趋于定值 $N = 1.3$。

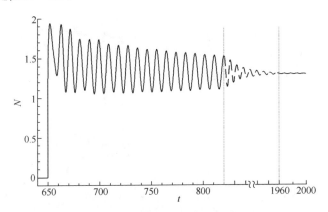

图 5.13　闭环控制电磁力随时间的变化

为了揭示闭环电磁力控制过程中的流固耦合机理，我们将圆柱动态过程的位移分解到法向和流向。圆柱振荡和闭环电磁控制过程中的位移变化如图 5.14 所示。$i=0$(C_0、B_0、D_0 时刻)，圆柱静止于初始位置($l_x = 0$，$l_y = 0$)。在 $t = 446$ 时刻释放圆柱，圆柱的位移沿法向在升力的作用下振幅逐渐增大，沿流向在阻力的作用下首先向下游漂移，然后振幅先减小后增大。两个方向分别对应图 5.14(a) $C_1 \sim C_2$ 和图 5.14(b) $B_1D_1 \sim B_2D_2$。至 $t = 620$ 时刻，圆柱达到稳定振动状态。$t = 650$ 时刻施加电磁力进行闭环控制，沿法向位移的振幅迅速衰减，最终趋于 $l_y = 0$。沿流向的位移曲线首先向下移动，其平衡位置变为流向位移零点($l_x = 0$)，之后的变化趋势与沿法向的类似。两个方向振幅减小的过程分别对应图 5.14(a) $C_3 \sim C_5$ 和

图 5.14(b) B_3D_3~B_5D_5。最终，圆柱回到初始位置($l_x = 0$、$l_y = 0$)，对应图 5.14(a) C_5 和图 5.14(b) B_5D_5。

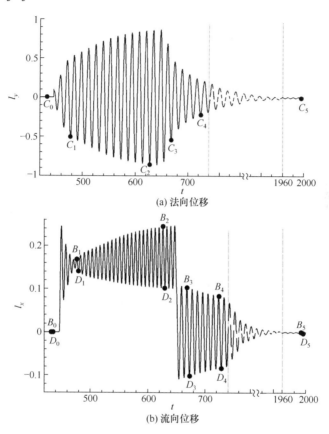

图 5.14　圆柱振荡和闭环电磁控制过程中的位移变化

　　涡生振荡与闭环电磁控制过程中 C_i ($i = 0$~5)时刻对应的流场涡量如图 5.15 所示。圆柱在 C_0 时刻静止，流场呈现出典型的卡门涡街。解除约束后，圆柱在升力的作用下，沿法向的位移逐渐增大，同时上下涡的强度也随之增大，如图中 C_1~C_2 时刻所示。由此导致两侧剪切层的强度发生改变。如前所述，由于位移的作用效果占主导，图 5.15 中圆柱下侧的剪切层的强度大于上侧的；当圆柱稳定振动时，脱落涡的强度达到最大，如图中 C_2 时刻所示。然后，施加电磁力进行闭环控制，由于电磁力增加了边界层附近流体的动量，尾涡逐渐被拉长，同时圆柱的振幅也逐渐减小，因此对上下剪切层的作用减弱(C_3~C_5 时刻)。最终，流场趋于定常(C_5 时刻)。

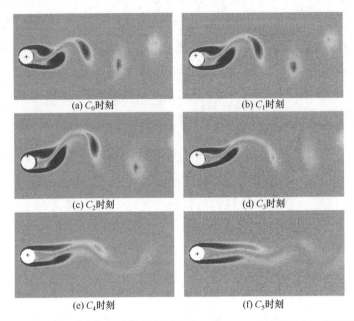

图 5.15　涡生振荡与闭环电磁控制过程中 C_i ($i=0\sim5$)时刻对应的流场涡量

　　涡生振荡与闭环电磁控制过程中 B_i、D_i ($i=0\sim5$)时刻对应的流场涡量如图 5.16 所示。圆柱在 B_0D_0 时刻静止，解除约束后，圆柱在阻力的作用下首先向下游产生大幅度位移，然后沿流向的振幅先减小后增大。圆柱在流向位移的增大过程中，B_i 和 D_i 时刻的流场特征越来越明显，其中在 B_i 时刻，圆柱尾部处于推壁面状态，因此位移的作用效果使尾部的二次涡增强($B_1\sim B_2$)；在 D_i 时刻，圆柱尾部处于吸壁面状态，因此位移的作用效果使尾部二次涡的强度减弱，且此时二次涡处于正负交替状态($D_1\sim D_2$)；当圆柱达到稳定的振动状态时，流场如 B_2、D_2 时刻。然后，施加电磁力闭环控制，由于电磁力增加了边界层附近流体的动量，圆柱位移产生的推吸壁面作用和尾涡的抽吸作用逐渐得到抑制，因此二次涡的强度逐渐减弱，如 $B_3\sim B_5$ 和 $D_3\sim D_5$。最终，二次涡被消除，流场趋于定常，如 B_5、D_5 时刻。

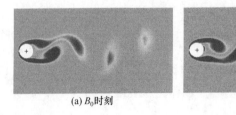

(a) B_0 时刻　　　　　　　　　　　(b) D_0 时刻

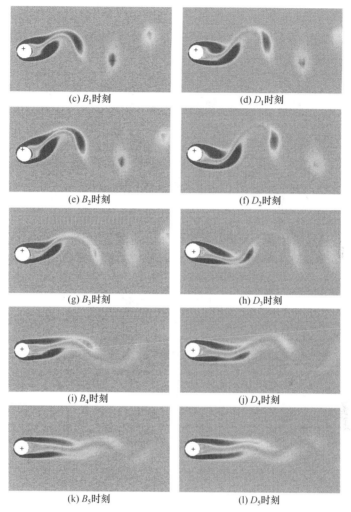

图 5.16　涡生振荡与闭环电磁控制过程中 B_i 、 D_i ($i = 0 \sim 5$)时刻对应的流场涡量

　　圆柱运动与流场的变化导致升阻力变化。涡生振荡的发展和闭环电磁力抑制过程的升力和阻力随时间变化的曲线如图 5.17(a)和图 5.17(b)所示。$i=0($ C_0 、 B_0 、 D_0 时刻），沿法向 C_i 时刻的升力达到最大，沿流向阻力大于零(即 $C_d > 0$)，阻力的平均值指向下游，同时 B_i 时刻的阻力最小， D_i 时刻的阻力最大。在 $t = 446$ 时刻释放圆柱，沿法向圆柱的振幅逐渐增大，位移对圆柱上下剪切层的作用增大，因此升力的振幅逐渐增大；沿流向由于圆柱的位移首先迅速增大，然后振幅先减小后逐渐增大，位移对二次涡的作用也随之改变，因此阻力经过短暂的波动后也逐渐增大，并且阻力的平均值进一步增大。直至圆柱振动达到稳定，升阻力的振动也达到稳定的状态，两个方向分别对应图中 $C_1 \sim C_2$ 和 $B_1 D_1 \sim B_2 D_2$ 。当 $t = 650$ 时

刻施加闭环控制，在电磁力的作用下，沿法向圆柱的振幅逐渐减小，位移对圆柱上下剪切层的作用也受到抑制，因此升力的振幅减小；沿流向圆柱的振幅减小，圆柱尾部二次涡的强度逐渐减小，同时壁面电磁力产生的推力 C_{dL} 使总阻力 $C_d = 0$。两个方向分别对应 $C_3 \sim C_5$ 和 $B_3D_3 \sim B_5D_5$。最终，升力趋于 $C_l = 0$，阻力 $C_d = 0$，两个方向分别对应 C_5 时刻和 B_5、D_5 时刻。

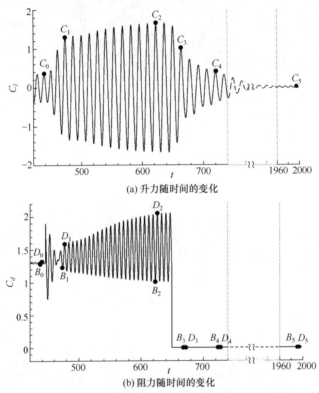

(a) 升力随时间的变化

(b) 阻力随时间的变化

图 5.17　涡生振荡发展和闭环电磁力抑制过程中的升阻力变化图

5.8　本 章 小 结

在电磁力的作用下，由于圆柱边界层内动量迅速增大，圆柱表面分离点消失，尾涡被抑制；同时，圆柱沿两方向的振动幅度逐渐减小，使推吸壁面的效果被抑制，振动的诱因被消除，圆柱迅速达到稳定状态。壁面电磁力产生的推力可以克服流场电磁力产生的阻力，使圆柱稳定在初始位置的上游。

在总阻力为零的电磁力闭环控制中，电磁力的大小随着流场和圆柱位移的变化而变化。同时，壁面电磁力产生的推力与流场电磁力产生的阻力相互抵消，使圆柱回到初始位置。

第 6 章　振荡与绕流电磁控制的实验验证

我们通过数值计算和理论分析，对振荡与绕流及其电磁控制问题作了较为广泛和深入的讨论。为了验证数值计算的可靠性，检验此流动控制思路的可行性，本章对振荡与绕流及其电磁控制的若干现象进行实验室的再现与研究。

实验在旋转水槽中进行，包覆电磁激励板的圆柱以单摆方式插入硫酸铜溶液中。实验时，用示踪粒子显示绕流流场，用应变传感器测试圆柱的升阻力。根据流场实验照片和升阻力测试曲线，以及前面基于计算的理论分析，本章对相关现象作进一步的阐述。

6.1　实验系统的设计

根据电磁场分布特性的分析，实验用的电磁激励板的磁极选用剩磁较大的Nd-Fe-B(钕-铁-硼)磁性材料，每片磁环直径为 20mm，高为 4mm。电极条由铜片制作，宽为 4mm，正负电极由可控电源并联供电。将 8 对电极和 8 对磁极交错分布组成电磁激励板按图 3.1 所示的方式包覆在圆柱表面，包覆总长为 80mm，如图 6.1 所示。

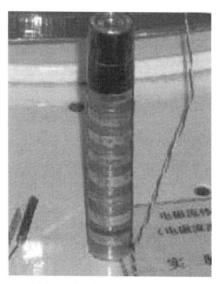

图 6.1　包覆电磁激活板的圆柱

如果将该圆柱垂直插入流动的弱电解质溶液中，则会在流场中产生关于圆柱上下两侧对称的、平行于圆柱表面的电磁力。电磁力的方向与电极正负有关，改变电极正负可改变电磁力方向。

实验在旋转水槽中进行(图 6.2)。水槽由 15mm 厚的有机玻璃板制成。水槽直径应远大于圆柱直径，以防止壁面和残留涡对绕流的干扰，因此该实验水槽的外径、内径和高分别为 2000mm、1000mm 和 350mm。水槽固定在转盘上，转盘由调频调速电机驱动。为使流场高度稳定，采用三相齿轮变速电机，变速比可达 200。通过调整输入电压的频率，转速可在 0.08～10r/min 连续调整。此时，槽内流体的流速在 0.0023～1.0472m/s 变化。变频器输出频率与水槽转速之间的关系如表 6.1 所示。当水槽正常转动一定时间后，即认为圆柱附近来流的流速均匀。

表 6.1　变频器输出频率与水槽转速之间的关系

变频器输出频率/Hz	水槽转速/(r/min)	给定直径处的流体线速度/(m/s)				
		1.3/m	1.4/m	1.5/m	1.6/m	1.7/m
1	0.0868	5.908×10^{-3}	6.363×10^{-3}	6.817×10^{-3}	7.272×10^{-3}	7.726×10^{-3}
2	0.2521	1.716×10^{-2}	1.848×10^{-2}	1.980×10^{-2}	2.112×10^{-2}	2.244×10^{-2}
3	0.4155	2.828×10^{-2}	3.046×10^{-2}	3.263×10^{-2}	3.481×10^{-2}	3.698×10^{-2}
4	0.5792	3.942×10^{-2}	4.246×10^{-2}	4.549×10^{-2}	4.852×10^{-2}	5.156×10^{-2}
5	0.7335	4.993×10^{-2}	5.377×10^{-2}	5.761×10^{-2}	6.145×10^{-2}	6.529×10^{-2}
6	0.8902	6.059×10^{-2}	6.526×10^{-2}	6.992×10^{-2}	7.458×10^{-2}	7.924×10^{-2}

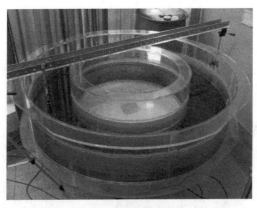

图 6.2　实验用的水槽

水槽上方装有调整器，用来调整圆柱的插入位置和深度。实验时，包覆电磁激活板的圆柱被置于水槽直径 1500mm 处。

硫酸铜溶液作为实验用的弱电解质，被注入水槽中。电磁激活板通电后，电极上的铜和硫酸铜中的铜离子置换，会在一定程度上解决电极的腐蚀和电解产生

的气泡影响流场显示的问题。硫酸铜溶液需按一定比例配制，使其电导率和密度
与海水接近。

　　研究剪切来流时，在水槽的内壁附近，悬挂一固定不动的圆筒，使水槽旋转
时，内壁不动，从而在槽内形成剪切流动。剪切流场产生示意图如图 6.3 所示。

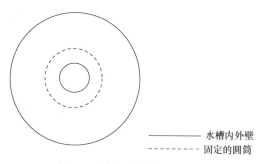

　　———— 水槽内外壁
　　-------- 固定的圆筒

图 6.3　剪切流场产生示意图

　　为了显示绕流的流场结构，实验以红色高锰酸钾溶液为示踪粒子，将该溶液
装在如图 6.4 所示的喷壶中，经可控软管由针头流出(图 6.5)。将喷壶挂于流场上
方，使针头位于圆柱前端的流体表面，由此流出的示踪溶液随槽中液体一起向下
游流去，形成清晰可见的色线，从而描绘圆柱绕流和尾流涡街的可视图像。

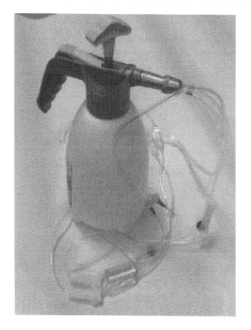

图 6.4　流场显示用的喷壶

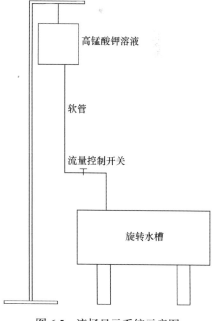

高锰酸钾溶液

软管

流量控制开关

旋转水槽

图 6.5　流场显示系统示意图

　　实验用图 6.6(a)所示的测试系统测试阻力和升力。圆柱与装有应变传感器的

连接杆一端相连，再通过另一端将其悬挂在调整器上，使圆柱插入水槽内的流体中，在流体流动的作用下，圆柱受力后连接杆变形，应变传感器扭曲，输出与变形有关的电压信号，微弱的电压信号经滤波和放大后，用示波器进行显示和调整，然后导入计算机，进行信号的采集和记录(图 6.6(b))。

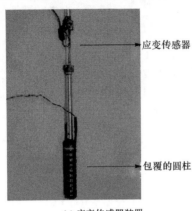

(a) 应变传感器装置　　　　　　　　(b) 信号滤波放大、显示系统

图 6.6　测试处理系统图

　　研究固定圆柱的绕流和绕流控制时，将装有圆柱的连接杆以固定方式安装在调整器上可以避免其振荡。如果研究圆柱的涡生振荡及其控制，则将此连接杆自由悬挂在调整器上，使之在水动力作用下可在径向呈单摆式的振荡。调整单摆的悬挂长度，以调整其固有频率，使涡生振荡被锁定，固有频率与脱体频率一致。

6.2　结果与讨论

6.2.1　均匀来流的圆柱绕流及其电磁控制

　　以红色高锰酸钾溶液为示踪粒子，可以显示圆柱绕流和尾流涡街的流场图像，通过摄像记录，便得到瞬间流场的实验照片。

　　图 6.7 所示为 $Re = 150$ 时，均匀来流固定圆柱的绕流在四个典型时刻的流场照片。由此可见，绕流主要表现为上下涡周期性的交替脱体。

　　D 时刻，下涡已得到充分发展，成为尾流区域占主导地位的涡。同时，上侧剪切层开始弯曲，即上涡开始形成。随着下涡向下游的运动，其强度逐渐衰减，而上涡强度则逐渐增强。至 A 时刻，上涡已明显可见，上下涡对尾流区域的影响相当。随着流场的进一步发展，在 B 时刻，上涡成为尾流区域的主导涡，下涡衰减消失后，再次开始形成。此时的流场与 D 时刻的流场关于 $\theta = 0°$ 对称。同样，

流场发展到 C 时刻，与 A 时刻的流场关于 $\theta = 0°$ 对称。当下涡再次成为主导涡时，流场图像与 D 时刻的相同，圆柱绕流完成一个周期的变化。该结果与图 2.2 中的计算结果相符。

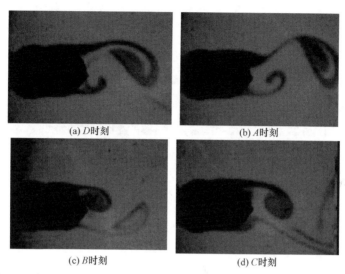

(a) D 时刻　　　　　　　　　　(b) A 时刻

(c) B 时刻　　　　　　　　　　(d) C 时刻

图 6.7　均匀来流固定圆柱的绕流在一个周期内四个典型时刻的流场照片

　　施加足够大的电磁力，圆柱尾流将受到抑制，涡街消失。电磁力消涡的动态过程如图 6.8 所示。其中，图 6.8(a)为电磁力尚未激励，圆柱绕流为典型卡门涡街；图 6.8(b)为施加电磁力后，分离点后移，涡的脱体被抑制；图 6.8(c)为电磁力作用下，卡门涡街的逐渐消失；图 6.8(d)为涡街完全消失。实验表明，在切向电磁力

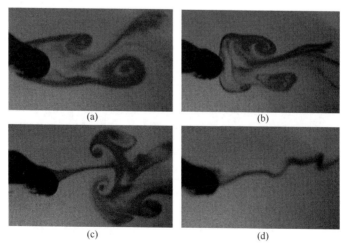

(a)　　　　　　　　　　　　　(b)

(c)　　　　　　　　　　　　　(d)

图 6.8　电磁力消涡的动态过程

作用下，边界层内流体切向动量增加，抵抗逆压梯度导致的流动分离的能力增强，因此可以抑制流体在圆柱表面的脱体和消除尾流涡街。

不同强度电磁力作用的圆柱绕流如图 6.9 所示。无电磁力作用，即 $N = 0$ 时，流场显示典型的卡门涡街的特征。当 $N = 0.7$ 时，脱体受到一定程度的抑制。当电磁力足够大($N = 2$)时，脱体完全被抑制。该结果与图 3.3 中的计算结果相符。

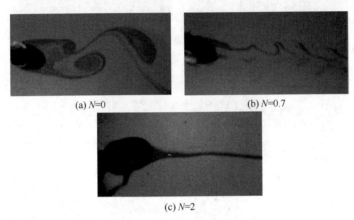

(a) $N=0$　　　　　　　　　　　　(b) $N=0.7$

(c) $N=2$

图 6.9　不同强度电磁力作用的圆柱绕流

安装于连接杆上的应变传感器用来测试圆柱表面的水动力，其流向应变对应阻力，径向应变对应升力。应变产生的电压信号经处理后存入计算机。

在静止流体中，电磁力作用前，圆柱处于稳定静止状态，无输出信号。电磁板被激励后，圆柱在推力作用下位移，输出信号急剧变化。壁电磁力产生推力的实验结果如图 6.10 所示。结果表明，圆柱推力来源于壁面电磁力，与流体是否流动无关。

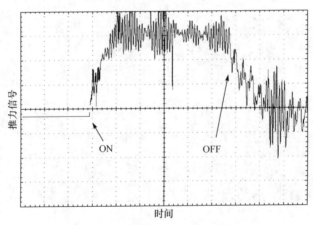

图 6.10　壁电磁力产生推力的实验结果

$Re = 150$ 时，电磁力作用下圆柱升阻力的实验测示信号如图 6.11 所示。电磁力作用前，由于尾涡的交替脱体，升力和阻力皆周期性振荡。在电磁力作用下，旋涡脱体受到抑制，升阻力测试曲线的振荡幅度皆下降，并且总阻力的振荡平衡位置下降，即平均阻力下降，总升力的振荡平衡位置未发生变化，平均升力依然为零。该结果与图 3.10 中的计算结果相符。

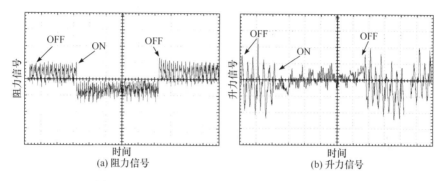

图 6.11　电磁力作用下圆柱升阻力的实验测示信号

如果仅在圆柱的半边包覆电磁激励板，则形成半边电磁力。图 6.12 所示为上侧电磁力($N = 1$)作用下圆柱绕流形态的实验照片。在电磁力作用下，上侧流体被加速与圆柱相连的脱体剪切层被拉长。该结果与图 3.11 中的计算结果相符。

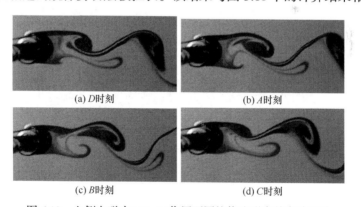

图 6.12　上侧电磁力($N = 1$)作用下圆柱绕流形态的实验照片

上侧电磁力($N = 1$)作用下，圆柱升阻力的实验测试信号如图 6.13 所示。显然，在半侧电磁力作用下，总阻力下降，总升力上升。该结果与图 3.18 中的计算结果相符。

6.2.2　剪切来流的圆柱绕流及其电磁控制

图 6.14 所示为剪切来流情形下，$Re = 150$ 时固定圆柱的绕流在四个典型时刻

的涡量分布图。由此可见，绕流上下涡交替脱体的特性依然存在，对于 $K > 0$ 的剪切流，为增加圆柱下侧的流量，使流动均衡，前滞止点将向上侧(流速大的一侧)漂移。此外，剪切流场具有的固有涡量与上涡方向一致。它使上涡增强，与下涡方向相反，使下涡减弱，导致卡门涡街显著向下侧倾斜，破坏上下涡脱体过程的对称性。

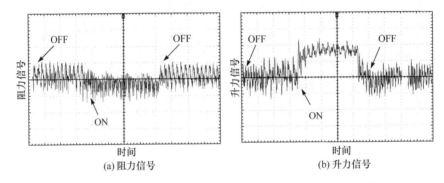

(a) 阻力信号　　　　　　　　　　(b) 升力信号

图 6.13　上侧电磁力($N = 1$)作用下圆柱升阻力的实验测试信号

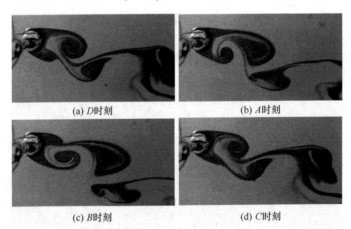

(a) D时刻　　　　　　　　　　(b) A时刻

(c) B时刻　　　　　　　　　　(d) C时刻

图 6.14　剪切来流圆柱绕流在一个周期内四个典型时刻的流场照片

在 D 时刻，下侧形成的涡(下涡)已经得到充分发展，并在尾流区域占主导地位，如图 6.14(a)所示。随着下涡向下游运动，其强度逐渐衰减，而上剪切层逐渐卷起。至 A 时刻，由于上下涡之间的强烈作用，上侧流体被部分卷进下涡，如图 6.14(b)所示。此后，随下涡进一步向下游运动，上涡逐渐发展，在 B 时刻，上涡已得到充分发展，完全主导尾流区域，如图 6.14(c)所示。下侧剪切层开始向壁面方向弯曲，诱发下涡的形成。至 C 时刻，下涡已经明显可见，如图 6.14(d)所示。随着流场的进一步发展，下涡再次成为主导涡，流场图像与 D 时刻的相同，绕流完成一个周期的变化。

图 6.15 为剪切来流情况下，$Re=150$ 时上侧电磁力($N=1$)作用后，几个特定瞬间圆柱绕流形态的实验照片。在半边电磁力的作用下，上侧流体被加速，涡量增加，与圆柱相连的脱体剪切层被拉长，脱体涡对近壁区的影响减小。即便如此，剪切流的基本特性仍然保持不变，即前滞止点将向上侧(流速大的一侧)漂移，涡街向下侧倾斜等。

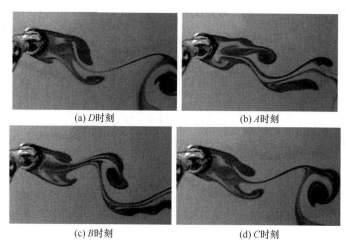

(a) D时刻   (b) A时刻

(c) B时刻   (d) C时刻

图 6.15 剪切来流(上侧电磁力 $N=1$)控制时绕流流场的实验照片

剪切来流在上侧电磁力($N=1$)作用下，圆柱升阻力的实验测试信号如图 6.16所示。显然，在电磁力作用下，总阻力下降，总升力上升。适当强度的单边电磁力可以消除剪切流导致的失速(升力下降)现象，如图 6.16(b)所示。

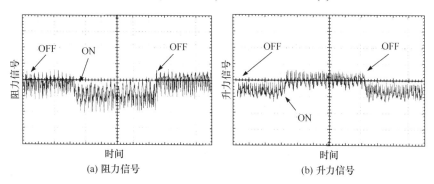

(a) 阻力信号   (b) 升力信号

图 6.16 剪切来流(上侧电磁力 $N=1$)作用下圆柱升阻力的实验测试信号

6.2.3 均匀来流的涡生振荡及其电磁控制

图 6.17 为 $Re=150$ 均匀来流情形下，圆柱在垂直流向涡生振荡时，几个特定瞬间流场形态的实验照片。由于圆柱的振荡，上涡脱落时，圆柱位于上侧最大位移处，

而下涡脱落时圆柱位于下侧最大位移处,因此涡街由两排方向相反的涡列组成。

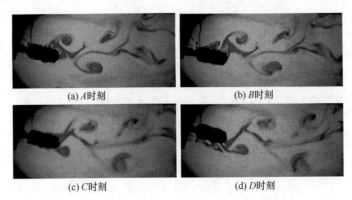

(a) A时刻   (b) B时刻

(c) C时刻   (d) D时刻

图 6.17　涡生振荡流场形态的周期变化

A 时刻,圆柱到达平衡位置,并且以最大速度向下运动。此时,上涡和下涡对尾流的影响相当。然后,圆柱逐渐减速,上涡逐渐增强。至 B 时刻,圆柱到达最低位置,上涡成为尾流区域的主导涡,然后向上运动。至 C 时刻,圆柱以最大向上运动速度再次到达平衡位置。此时,流场与 A 时刻对称。至 D 时刻,圆柱处于最上方,下涡占主导,然后向下运动,再到 A 时刻,完成一个周期的振荡。实验结果与图 2.8 中的计算结果相符。

在较小的电磁力($N = 0.8$)作用下,涡生振荡流场的周期变化如图 6.18 所示。电磁力的作用可以增加边界层附近流体的动量,抑制流动分离。因此,圆柱的振幅减小,圆柱上下两侧分离点的距离减小,涡被拉长,流向的涡距增大,垂直流向的涡距减小。因此,涡街由两排方向相反的涡变为一排正负交错的涡。实验结果与图 3.19(b) 中的计算结果相符。

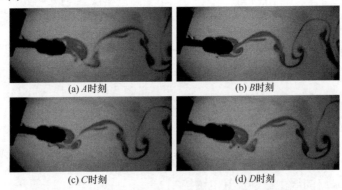

(a) A时刻   (b) B时刻

(c) C时刻   (d) D时刻

图 6.18　电磁力($N = 0.8$)作用下涡生振荡流场的周期变化

进一步增大电磁力($N = 3$),控制过程中涡生振荡流场形态的变化如图 6.19 所示。图 6.19(a) 为未加电磁力时,振荡圆柱尾部呈现出双排方向相反的涡列。施加电磁力后，因流体动量增加而导致的分离点后移，涡逐步消失如图 6.19(b)所示。随后，圆柱的尾涡在电磁力的作用下后移并脱离圆柱，此时圆柱的振荡开始逐渐减弱，如图 6.19(c)所示。图 6.19(d)和图 6.19(e)所示涡的脱体完全被抑制，振荡迅速衰减。最终，圆柱的振荡完全被消除，流场达到定常，如图 6.19(f)所示。

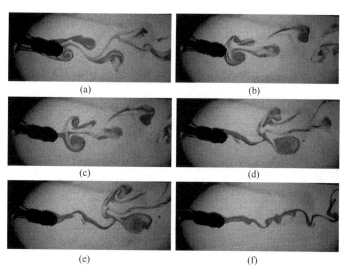

图 6.19　电磁力($N=3$)控制过程中涡生振荡流场形态的变化

6.2.4　两自由度涡生振荡及其电磁控制

圆柱稳定振动的流场周期变化如图 6.20 所示。由于 A'、B'、C'、D'时刻的流场与 A、B、C、D 时刻的对称，因此以 A、B、C、D 时刻为例将实验和计算的流场进行比较。图 6.20(a)上下涡强度相当，图 6.20(b)中上涡逐渐增强，到图 6.20(c)达到最强，随后开始衰减。如图 6.20(d)所示，圆柱在下半周的运动过程对应上涡的发展、增强再到衰减的过程。由图可以看出，计算结果与实验结果一致。同样，A'、B'、C'、D'时刻的流场对应下涡的这个过程。

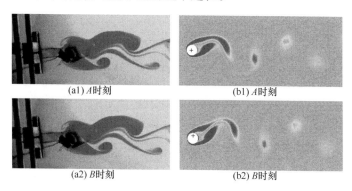

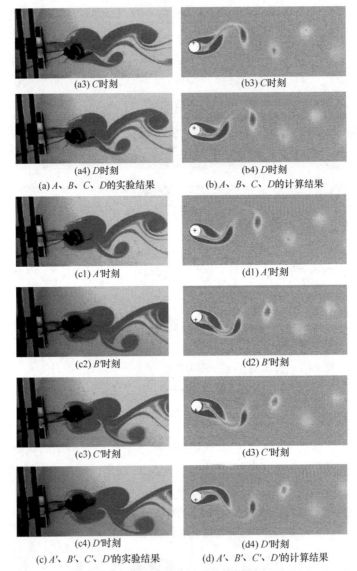

(a3) C时刻　　　　　　　　(b3) C时刻

(a4) D时刻　　　　　　　　(b4) D时刻

(a) A、B、C、D的实验结果　　(b) A、B、C、D的计算结果

(c1) A'时刻　　　　　　　　(d1) A'时刻

(c2) B'时刻　　　　　　　　(d2) B'时刻

(c3) C'时刻　　　　　　　　(d3) C'时刻

(c4) D'时刻　　　　　　　　(d4) D'时刻

(c) A'、B'、C'、D'的实验结果　　(d) A'、B'、C'、D'的计算结果

图 6.20　圆柱稳定振动的流场周期变化

二次涡在 B、D 时刻的计算结果与实验结果如图 6.21 所示。同样，在 B、D 时刻，圆柱尾部分别对应推壁面和吸壁面的效果。可以看出，B 时刻的推壁面效果使圆柱尾部二次涡的强度达到最强，D 时刻的吸壁面效果使圆柱尾部二次涡的强度达到最弱，并处于正负涡交替的状态。B 时刻二次涡的强度大，因此二次涡区域的墨迹较厚；D 时刻二次涡的强度小，因此二次涡区域的墨迹较薄。

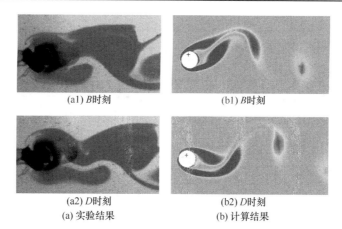

(a1) B 时刻　　　　　　　　　(b1) B 时刻

(a2) D 时刻　　　　　　　　　(b2) D 时刻

(a) 实验结果　　　　　　　　　(b) 计算结果

图 6.21　二次涡在 B、D 时刻的计算结果与实验结果

　　电磁力作用后达到新的稳态状态时，其计算(作用参数 N=2.5)和实验(电压 U=6V)结果如图 6.22 所示。可以看出，实验结果中圆柱的尾迹呈一条直线，圆柱静止，流场达到定常(图 6.22(a))。同时可以看出，计算结果与实验结果一致(图 6.22(b))。

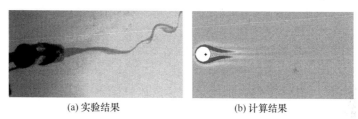

(a) 实验结果　　　　　　　　　(b) 计算结果

图 6.22　电磁力 N=2.5(U=6V)作用下圆柱稳定状态的计算和实验结果

　　电磁力抑制涡生振荡过程中的计算(N=5)和实验(U=12V)结果如图 6.23 所示，左列为实验结果，右列为计算结果。图 6.23(a)为未加电磁力时，振荡圆柱尾部呈现出双排方向相反的涡列；施加电磁力后，流体动量增加导致的分离点后移(图 6.23(b)和图 6.23(c))；之后，圆柱的尾涡在电磁力的作用下后移并脱离圆柱(图 6.23(d))，此时圆柱的振荡开始逐渐减弱；图 6.23(e)所示涡的脱体完全被抑制，振荡迅速衰减；最终，圆柱的振荡完全被消除，流场达到定常(图 6.23(f))。可以看出，计算结果与实验结果一致。

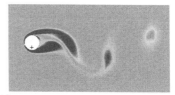

(a)

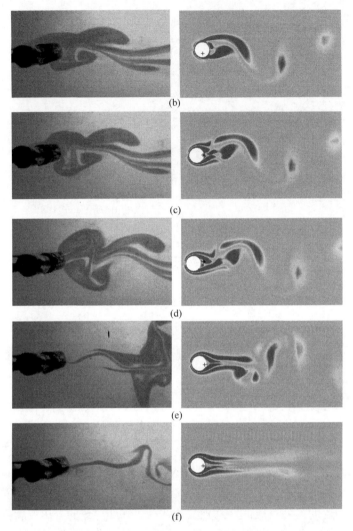

图 6.23　电磁力 N=5(U=12V)抑制涡生振荡过程中的计算和实验结果

6.3　本章小结

　　本章对圆柱的振荡与绕流及其电磁控制进行研究。实验在转动水槽中进行，装于吊杆上的应变片用于测试圆柱的升阻力，注入适当的染料显示流场。实验结果与前 4 章相关数值计算结果相符。验证了如下结论。

　　(1) 对于均匀来流，固定圆柱上下两侧的流体周期性脱体，ABC 对应上涡占优的半个周期，CDA 对应下涡占优。这种周期变化的流场导致升阻力振荡。

　　对于剪切来流，前滞止点的漂移使涡街向一侧倾斜，但旋涡周期脱体和升阻力周期振荡特征依然存在。

对于涡生振荡，锁定时，振荡频率与涡的脱体频率一致，上下涡脱体时，圆柱处于不同的位置，因此尾流涡街列为两行。旋涡周期脱体和升阻力周期振荡特征依然存在。

对于两自由度涡生振荡，B 时刻圆柱尾部二次涡强度较大，D 时刻圆柱尾部二次涡处于交替状态，因为流向位移对圆柱尾部二次涡的影响大于尾涡的影响。

(2) 即使在静止流体中，壁面电磁力仍可产生推力。

(3) 场电磁力使流体加速，抑制流体分离。壁电磁力可以减阻，并使升力增加。因此，对称电磁力可以消涡减阻，抑制圆柱振荡。非对称电磁力除消涡减阻减振功能外，还可以提高升力。

第7章　圆柱绕流的电磁优化控制

流动控制可以分为被动控制和主动控制两种方式。被动控制不需向流场输入能量，如利用柔性边界、聚合物改性，以及在壁面设置肋条或大涡破碎装置等手段实施的控制。主动控制需要向流场输入能量，如通过振荡壁面、射流吹/吸、电磁场和等离子等手段实施的控制。对于主动控制，输入的能量可以是定值，称为开环控制，也可随被控流场的变化而实时变化，称为闭环控制，又称主动反馈控制。主动控制的目的是希望在实现控制目标的过程中，输入的能量最少，即输入最优化的能量值。这涉及流动优化控制理论。流动优化控制是一门交叉学科，涉及流体力学和控制理论，也是一门具有实际需求的，急需发展与开拓的新学科。

为处理流动非线性的优化控制问题，近年来，人们在发展优化控制理论使之用于流体力学方面做了许多基础性的工作。例如，在求解 Navier-Stokes 方程限制下性能指标的极值问题时，引进协态流场和控制感度，将性能指标的极值问题转化为控制感度方程的求解问题。然而，流动控制问题是多种多样的，不同的流场、不同的控制手段和不同的控制目标有着不同形式的协态流场。目前，人们可以判断某控制问题的协态方程正确与否，却无法得到推导这一方程的普适途径。对于绝大多数的流动控制问题，仍无法确定其协态流场，给出准确描述该流场的数学方程。这给该理论的推广和应用带来很多麻烦。

本章基于指数极坐标中流场电磁控制的流函数-涡量方程，以电磁力强度为控制量，以诸多流场参数的加权组合为测量量，构造圆柱绕流电磁优化控制的性能指标，推导协态流场的守恒方程、初始边界条件和控制感度方程，进而通过优化时段内的反向积分迭代方法，完成圆柱绕流电磁优化控制的数值研究。此外，本章还对电磁激励板的最佳覆盖区域进行理论和计算方面的探讨。

7.1　流动的优化控制

流动可以通过某种方法来控制，其中有些需外部提供能量，称为主动控制，如电磁控制需消耗电能。流动控制的一个主要目的是节省能量，因此主动控制时，需顾及能量的消耗，即对于相同的控制结果，总希望控制过程中输入的能量最小。这涉及流动优化控制问题。优化控制时，能量的输入量随被控流场的变化而实时变化，称为闭环控制或主动反馈式控制。

反馈式控制涉及三个重要部件，即传感器、控制器和激励器。传感器从流场中测得某一流场瞬态量(称为测试量或输入量)，将其输入控制器。在控制器中，通过基于优化控制律的计算，得到控制流动所需的最佳控制量，再由控制激励器对流场实施控制，使流场变化。对于变化的流场，又可测到新的测试量，进而实施新的控制。如此循环，便可对流动进行闭环控制。流动闭环控制示意图如图 7.1 所示。当传感器和激励器被微型化时，可以得到流动控制用的 MEMS 系统。MEMS 系统的研制使流动控制和减阻技术产生质的飞跃。

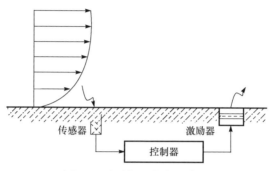

图 7.1　流动闭环控制示意图

显然，优化控制的研究和计算是实施主动反馈式控制的关键。流动的优化控制可以表述为寻求最优的控制变量，在流动方程和相应的边界条件限制下，使性能指标取极值。因此，如何构造性能指标是优化控制的关键问题之一。性能指标包含三个重要的物理量，即控制变量、测量量和控制价格。对于圆柱绕流的电磁控制问题，作用参数 N 为控制变量。为使问题简化，这里仅讨论来流速度不变，即 u_∞ 为常数时，从电磁力开始作用至流场完全稳定的非定常过程的优化控制问题。此时，控制价格 l 的大小决定被控制流场的最终状态，进而决定与流动分离、阻力和升力等有关的最终控制效果。性能指标中的测量量(或称输入量、调节量等)是可以选择的，例如可采用涡度拟能 Ω^2，与壁面压力有关的 $\dfrac{\partial \Omega}{\partial \xi}\sin(2\pi\eta)$、$\dfrac{\partial \Omega}{\partial \xi}\cos(2\pi\eta)$，与壁面剪切力有关的 $\Omega\sin(2\pi\eta)$、$\Omega\cos(2\pi\eta)$ 等。由此可以构成不同形式的性能指标，如

$$\mathscr{J}_1(N) = -\frac{H}{2}\int_0^T\int_\Sigma \Omega^2 \mathrm{d}v\mathrm{d}t + \frac{l^2}{2}\int_0^T\int_0^1 N^2\mathrm{d}\eta\mathrm{d}t \tag{7.1}$$

$$\mathscr{J}_2(N) = -\frac{2}{Re}\int_0^T\int_0^1 \frac{\partial \Omega}{\partial \xi}\sin(2\pi\eta)\mathrm{d}\eta\mathrm{d}t + \frac{l^2}{2}\int_0^T\int_0^1 N^2\mathrm{d}\eta\mathrm{d}t \tag{7.2}$$

$$\mathscr{I}_3(N) = -\frac{2}{Re}\int_0^T\int_0^1\frac{\partial\Omega}{\partial\xi}\cos(2\pi\eta)\mathrm{d}\eta\mathrm{d}t + \frac{l^2}{2}\int_0^T\int_0^1 N^2\mathrm{d}\eta\mathrm{d}t \tag{7.3}$$

$$\mathscr{I}_4(N) = -\frac{2}{Re}\int_0^T\int_0^1\Omega\sin(2\pi\eta)\mathrm{d}\eta\mathrm{d}t + \frac{l^2}{2}\int_0^T\int_0^1 N^2\mathrm{d}\eta\mathrm{d}t \tag{7.4}$$

$$\mathscr{I}_5(N) = -\frac{2}{Re}\int_0^T\int_0^1\Omega\cos(2\pi\eta)\mathrm{d}\eta\mathrm{d}t + \frac{l^2}{2}\int_0^T\int_0^1 N^2\mathrm{d}\eta\mathrm{d}t \tag{7.5}$$

实施流动控制时，控制量 ϕ 的微小变化会导致流场参数 q 的变化，可将此写为

$$q' = \lim_{\varepsilon\to 0}\frac{q(\phi+\varepsilon\phi')-q(\phi)}{\varepsilon} = \frac{Dq(\phi)}{D\phi}\phi' \tag{7.6}$$

称为 Frechet 微分。$\dfrac{Dq(\phi)}{D\phi}$ 称为感度，于是有

$$J'(\phi,\phi') = \lim_{\varepsilon\to 0}\frac{J(\phi+\varepsilon\phi')-J(\phi)}{\varepsilon} = \int_0^T\int_{\Gamma_2^\pm}\frac{DJ(\phi)}{D\phi}\phi'\mathrm{d}x\mathrm{d}t \tag{7.7}$$

当

$$\frac{DJ(\phi)}{D\phi} = 0 \tag{7.8}$$

性能指标取极值。式(7.8)称为感度方程，该方程的解 ϕ 为所求的优化控制值。

综上所述，流动优化控制问题可以描述为发现一个控制量 ϕ，使性能指标 $J(\phi)$ 在 Navier-Stokes 方程的约束下取极值，即寻求方程 $\dfrac{DJ(\phi)}{D\phi} = 0$ 的解。

对式(7.1)~式(7.5)进行 Frechet 微分，即

$$\mathscr{I}_1'(N) = -H\int_0^T\int_\Sigma\Omega\Omega'\mathrm{d}v\mathrm{d}t + l^2\int_0^T\int_0^1 NN'\mathrm{d}\eta\mathrm{d}t \tag{7.9}$$

$$\mathscr{I}_2'(N) = -\frac{2}{Re}\int_0^T\int_0^1\frac{\partial\Omega'}{\partial\xi}\sin(2\pi\eta)\mathrm{d}\eta\mathrm{d}t + l^2\int_0^T\int_0^1 NN'\mathrm{d}\eta\mathrm{d}t \tag{7.10}$$

$$\mathscr{I}_3'(N) = -\frac{2}{Re}\int_0^T\int_0^1\frac{\partial\Omega'}{\partial\xi}\cos(2\pi\eta)\mathrm{d}\eta\mathrm{d}t + l^2\int_0^T\int_0^1 NN'\mathrm{d}\eta\mathrm{d}t \tag{7.11}$$

$$\mathscr{I}_4'(N) = -\frac{2}{Re}\int_0^T\int_0^1\Omega'\sin(2\pi\eta)\mathrm{d}\eta\mathrm{d}t + l^2\int_0^T\int_0^1 NN'\mathrm{d}\eta\mathrm{d}t \tag{7.12}$$

$$\mathscr{I}_5'(N) = -\frac{2}{Re}\int_0^T\int_0^1\Omega'\cos(2\pi\eta)\mathrm{d}\eta\mathrm{d}t + l^2\int_0^T\int_0^1 NN'\mathrm{d}\eta\mathrm{d}t \tag{7.13}$$

优化控制问题是性能指标取极值的问题，需求解方程 $\dfrac{DJ}{DN}=0$。由式(7.9)～式(7.13)可知，这类方程是非常复杂的。

7.2　圆柱绕流的协态优化控制

7.2.1　圆柱绕流的协态优化控制律

将表面包覆电磁激励板的圆柱固定于流动的弱电解质溶液中，在指数极坐标 (ξ,η) 下（$r=\mathrm{e}^{2\pi\xi}$，$\theta=2\pi\eta$），二维流动无量纲形式的涡量-流函数方程为

$$\mathcal{N}(q)q=\begin{bmatrix}-H\varOmega\\ NF(\xi)\end{bmatrix} \tag{7.14}$$

其中

$$\mathcal{N}(q)q=\begin{bmatrix}\dfrac{\partial^2\psi}{\partial\xi^2}+\dfrac{\partial^2\psi}{\partial\eta^2}\\[3mm] H\dfrac{\partial\varOmega}{\partial t}+\dfrac{\partial(U_r\varOmega)}{\partial\xi}+\dfrac{\partial(U_\theta\varOmega)}{\partial\eta}-\dfrac{2}{Re}\left(\dfrac{\partial^2\varOmega}{\partial\xi^2}+\dfrac{\partial^2\varOmega}{\partial\eta^2}\right)\end{bmatrix}$$

$$q=\begin{bmatrix}\varOmega\\ \psi\end{bmatrix}$$

$$F(\xi)=H^{1/2}\left(\dfrac{\partial F_\theta}{\partial\xi}+2\pi F_\theta\right)$$

当 $t=0$ 时，在 $\xi=0$ 处，$\psi=0$，$\varOmega=-\dfrac{1}{H}\dfrac{\partial^2\psi}{\partial\xi^2}$；在 $\xi>0$ 处，$\psi=-2\mathrm{sh}(2\pi\xi)\sin(2\pi\eta)$，$\varOmega=0$。

当 $t>0$ 时，在 $\xi=0$ 处，$\psi=0$，$\varOmega=-\dfrac{1}{H}\dfrac{\partial^2\psi}{\partial\xi^2}$；在 $\xi=\xi_\infty$ 处，$\psi=-2\mathrm{sh}(2\pi\xi)\sin(2\pi\eta)$，$\varOmega=0$。

经 Frechet 微分，有扰动方程，即

$$\mathcal{N}'(q)q'=\begin{bmatrix}-H\varOmega'\\ N'F\end{bmatrix} \tag{7.15}$$

当 $t=0$ 时，$\psi'=0$，$\varOmega'=0$，$\dfrac{\partial\psi'}{\partial\xi}=0$，$\dfrac{\partial\psi'}{\partial\eta}=0$。

当 $t>0$ 时，在 $\xi=0$ 处，$\psi'=0$，$\dfrac{\partial\psi'}{\partial\xi}=-U_\theta'=0$，$U_r'=0$；在 $\xi=\xi_\infty$ 处，$\psi'=0$，

$\dfrac{\partial\psi'}{\partial\xi}=0$，$\Omega'=0$，$\dfrac{\partial\Omega'}{\partial\xi}=0$。

其中

$$\mathscr{R}'(q)q'=\begin{bmatrix}\dfrac{\partial^2\psi'}{\partial\xi^2}+\dfrac{\partial^2\psi'}{\partial\eta^2}\\[3mm] H\dfrac{\partial\Omega'}{\partial t}+\dfrac{\partial(U_r\Omega'+U_r'\,\Omega)}{\partial\xi}+\dfrac{\partial(U_\theta\Omega'+U_\theta'\,\Omega)}{\partial\eta}-\dfrac{2}{Re}\left(\dfrac{\partial^2\Omega'}{\partial\xi^2}+\dfrac{\partial^2\Omega'}{\partial\eta^2}\right)\end{bmatrix}\tag{7.16}$$

$$q'=\begin{bmatrix}\Omega'\\ \psi'\end{bmatrix}$$

协态流场的微分算符为

$$\mathscr{R}'(q)*q*=\begin{bmatrix}-\left(\dfrac{\partial^2\psi*}{\partial\xi^2}+\dfrac{\partial^2\psi*}{\partial\eta^2}\right)\\[3mm] -\left[H\dfrac{\partial\Omega*}{\partial t}+\dfrac{\partial(U_r\Omega*+U_r*\,\Omega)}{\partial\xi}+\dfrac{\partial(U_\theta\Omega*+U_\theta*\,\Omega)}{\partial\eta}\right.\\[3mm] \left.-\dfrac{2}{Re}\left(\dfrac{\partial^2\Omega*}{\partial\xi^2}+\dfrac{\partial^2\Omega*}{\partial\eta^2}\right)\right]\end{bmatrix}\tag{7.17}$$

其中，$q*=\begin{bmatrix}\Omega*\\ \psi*\end{bmatrix}$。

引进符号 $\langle\ \rangle$ 表示积分，$\langle a,b\rangle$ 表示矢量 a 和 b 内积的积分。令

$$b=\left\langle\mathscr{R}'(q)q',q*\right\rangle$$

$$=\int_\Sigma H(\Omega'\psi*)\mathrm{d}v-\dfrac{2}{Re}\int_0^T\left(\int_0^1 A_\infty\mathrm{d}\eta-\int_0^1 A_1\mathrm{d}\eta\right)\mathrm{d}t\tag{7.18}$$

其中，$A_\infty=\Omega'\dfrac{\partial\psi*}{\partial\xi}+\psi*\dfrac{\partial\Omega'}{\partial\xi}\Big|_{\xi=\infty}$；$A_0=\Omega'\dfrac{\partial\psi*}{\partial\xi}+\psi*\dfrac{\partial\Omega'}{\partial\xi}\Big|_{\xi=0}$。

利用分步积分公式，即

$$b=\left\langle\mathscr{R}'(q)q',q*\right\rangle-\left\langle q',\mathscr{R}'(q)*q*\right\rangle\tag{7.19}$$

由扰动方程，有

$$\left\langle \mathscr{N}'(q)q',q* \right\rangle = \int_0^T \int_\Sigma \left(-H\Omega'\Omega* + N'F\psi* \right) \mathrm{d}v\mathrm{d}t \tag{7.20}$$

由式(7.18)～式(7.20)，有

$$\int_\Sigma H\left(\Omega'\psi*\right)_T \mathrm{d}v - \frac{2}{Re}\int_0^T \left(\int_0^1 A_\infty \mathrm{d}\eta - \int_0^1 A_1 \mathrm{d}\eta \right)\mathrm{d}t$$
$$= \int_0^T \int_\Sigma \left(-H\Omega'\Omega* + N'F\psi* \right)\mathrm{d}v\mathrm{d}t - \left\langle q', N'(q)*q* \right\rangle \tag{7.21}$$

如果以涡度拟能作为性能指标中的测量量，协态方程，即

$$\mathscr{N}'(q)*q* = \begin{bmatrix} -H\left(\Omega* - \Omega\right) \\ 0 \end{bmatrix} \tag{7.22}$$

当 $t = T$ 时，$\psi* = 0$，$\Omega* = 0$。当 $t < T$ 时，在 $\xi = 0$ 处，$\psi* = 0$，$\dfrac{\partial \psi*}{\partial \xi} = 0$；在 $\xi = \xi_\infty$ 处，$\psi* = 0$，$\Omega* = 0$。

于是式(7.21)写为

$$\int_0^T \int_\Sigma N'F\psi* \mathrm{d}v\mathrm{d}t = \int_0^T \int_\Sigma H\Omega\Omega' \mathrm{d}v\mathrm{d}t \tag{7.23}$$

将其代入式(7.9)，有

$$\mathscr{J}_1'(N) = \int_0^T \frac{D\mathscr{J}_1(N)}{DN} N' \mathrm{d}t = -\int_0^T \int_\Sigma N'F\psi* \mathrm{d}v\mathrm{d}t + l^2 \int_0^T \int_0^1 NN' \mathrm{d}\eta\mathrm{d}t$$

即

$$\frac{D\mathscr{J}_1(N)}{DN} = -\int_\Sigma F\psi* \mathrm{d}v + l^2 N \tag{7.24}$$

性能指标取极值时，即

$$\frac{D\mathscr{J}_1(N)}{DN} = 0$$

即

$$\int_\Sigma F\psi* \mathrm{d}v = l^2 N \tag{7.25}$$

该式称为优化控制率。

如果同时使用若干测量量，并以加权的形式，则构成的性能指标为

$$\mathscr{J}(N) = -\frac{Hd_1}{2}\int_0^T \int_\Sigma \Omega^2 \mathrm{d}v\mathrm{d}t - \frac{2d_2}{Re}\int_0^T \int_0^1 \frac{\partial\Omega}{\partial\xi}K_1 \mathrm{d}\eta\mathrm{d}t - \frac{2d_3}{Re}\int_0^T \int_0^1 \frac{\partial\Omega}{\partial\xi}K_2 \mathrm{d}\eta\mathrm{d}t$$

$$-\frac{2d_4}{Re}\int_0^T\int_0^1\Omega K_1 \mathrm{d}\eta\mathrm{d}t - \frac{2d_5}{Re}\int_0^T\int_0^1\Omega K_2 \mathrm{d}\eta\mathrm{d}t + \frac{l^2}{2}\int_0^T\int_0^1 N^2 \mathrm{d}\eta\mathrm{d}t \tag{7.26}$$

其中，$d_i\,(i=1,2,\cdots,5)$为权重，$\sum_i d_i = 1$；$K_1 = \sin(2\pi\eta)$；$K_2 = \cos(2\pi\eta)$。

Frechet 微分后有

$$\begin{aligned}
\mathscr{J}'(N) = &-H\int_0^T\int_\Sigma d_1\Omega\Omega'\mathrm{d}v\mathrm{d}t - \frac{2}{Re}\\
&\times\int_0^T\int_0^1\left(d_2\frac{\partial\Omega'}{\partial\xi}K_1 + d_3\frac{\partial\Omega'}{\partial\xi}K_2 + d_4\Omega'K_1 + d_5\Omega'K_2\right)\mathrm{d}\eta\mathrm{d}t\\
&+l^2\int_0^T\int_0^1 NN'\mathrm{d}\eta\mathrm{d}t
\end{aligned} \tag{7.27}$$

协态方程为

$$\mathscr{N}'(q)^*q^* = \begin{bmatrix} -H\big[(d_1+d_2+d_3+d_4+d_5)\Omega^* - d_1\Omega\big] \\ 0 \end{bmatrix} \tag{7.28}$$

当 $t=T$ 时，$\psi^*=0$，$\Omega^*=0$。当 $t<T$ 时，在 $\xi=0$ 处，$\psi^*=d_2K_1+d_3K_2$，$\frac{\partial\psi^*}{\partial\xi}=d_4K_1+d_5K_2$；在 $\xi=\infty$ 处，$\psi^*=0$，$\Omega^*=0$。

于是式(7.21)可写为

$$\int_0^T\int_\Sigma N'F\psi^*\mathrm{d}v\mathrm{d}t = \int_0^T\int_\Sigma d_1 H\Omega\Omega'\mathrm{d}v\mathrm{d}t + \frac{2}{Re}$$

$$\int_0^T\int_0^1\left[(d_2K_1+d_3K_2)\frac{\partial\Omega'}{\partial\xi} + (d_4K_1+d_5K_2)\Omega'\right]\mathrm{d}\eta\mathrm{d}t$$

代入式(7.27)，可得

$$\frac{D\mathscr{J}(N)}{DN} = -\int_\Sigma F\psi^*\mathrm{d}v + l^2N \tag{7.29}$$

取极值时，有

$$\int_\Sigma F\psi^*\mathrm{d}N = l^2N \tag{7.30}$$

该式与式(7.25)是一致的，说明用电磁力控制圆柱绕流时，无论选何种物理量为测量量，其优化控制律是相同的，但不同的测量量对应不同的协态方程。由于优化控制律决定于协态流场，因此称此类流动控制为协态优化控制。

7.2.2　协态优化控制的数值方法

流场、协态流场和控制量 N 是相互影响的，存在复杂的非线性关系。这种关系是通过流动守恒方程(7.14)和协态方程(7.28)来描述的。此外,由方程(7.28)可知,协态流场守恒方程的微分算子 $N'(q)*q*$ 中含有流场参数 q。这说明,协态流场 $q*$ 是随流场 q 变化的。因此,式(7.30)中的优化控制量 N 与协态流场的流函数 ψ^* 之间的函数关系非常复杂,通常采用一种称为反向积分的特殊方法求解此优化控制律方程。

该方法简述如下,在某时刻,如 $t=0$,用控制量 $N=\text{const}$ 作用于流场,直至 $t=T$ 时刻,称 T 为优化时段。在该控制量作用下,流场在 $t=0$ 到 $t=T$ 的时段内,经历了非定常的变化过程。根据 Navier-Stokes 方程,经数值计算,可得到该时段内每一瞬间的流场参数分布 $q(t)$。以 $t=T$ 时刻为协态流场的初始时刻,其初始条件 $q*$ 完全由该时刻的 q 决定。协态流场从 $t=T$ 时刻发展到 $t=0$ 时刻,该时段内的流场参数 $q(t)$ 是已知的。因此,采用求解 Navier-Stokes 方程的数值方法,可得到 $t=0$ 时刻的协态流场参数 $q*$。这样,对于某一控制量 N,可以得到对应的协态流场 $q*$。其求解过程如图 7.2 所示,虚线为 Navier-Stokes 方程的正向积分,点划线为协态方程的反向积分。通过此正反积分的往返过程,便可由式(7.29)得到 $\dfrac{D\mathscr{J}(N)}{DN}$ 的值。

$t=0$　　　　　　　　　　$t=T$

图 7.2　正反向积分

优化控制的目的是求解在性能指标取极小值时的优化控制量 $N(t)$,因此有

$$\frac{D\mathscr{J}(N)}{DN}=0 \tag{7.31}$$

$$\int_S F\psi^*\mathrm{d}v=l^2 N \tag{7.32}$$

基于上述反向积分法,通过迭代公式可求解方程(7.31),即

$$N^k=N^{k-1}-\alpha^k\frac{D\mathscr{J}(N^{k-1})}{DN} \tag{7.33}$$

其中,k 为迭代次数;α^k 为松弛因子。

此解法称为优化时段内的反向积分迭代方法。以上思路与下棋很相似。棋手对弈时,以擒住对方的主帅为目标,整个过程是通过离散的棋子运动来完成的。每一步棋都有许多可能的走法,而棋手对于每一种可能被采用的走法,都需按照设想的,双方可能作出的,持续若干步的应对,对棋局的发展进行预估,从中确定最优的棋子移动。流动控制时，需要寻求确定某时刻，如 $t=0$ 的最佳控制量 N。与下棋需设定假想的应对步数一样，先设定优化时段 T，然后让流场在预估控制量的作用下，发展至时 $t=T$ 刻，如图中虚线所示，箭头表示流场发展方向。协态流场从 $t=T$ 时刻返回至 $t=0$ 时刻，即图中点划线所示。根据式(7.29)可得 $\dfrac{D\mathscr{I}(N)}{DN}$，视其是否为零，进而判断控制量优化与否，重新设定控制量，重复上述过程，直至满足优化要求。

　　这样，对于某一瞬间流场，便可确定其优化控制量。协态优化控制过程可按图 7.3 所示的方式进行，即对于某时刻 $t=0$，设有优化控制量 N，在控制时段 T_a 内，以常数的形式作用于流场，从而使流场在控制时段结束时，即 T_a 时刻，具有新的结构。对于新的流场，利用前述优化时段内的反向积分迭代方法，求得新时刻的优化控制量 N，并使之作用于流场至 $2T_a$，如此重复，以实行流动的优化控制。

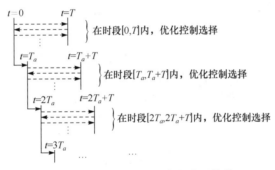

图 7.3　流动在控制时段内的往返优化

　　流动守恒方程(7.14)和协态流场守恒方程(7.28)均采用 ADI 格式和 FFT 格式，步长分别为 $\Delta\xi$=0.004、$\Delta\eta$=0.002、Δt=0.005。计算时，$T=0.15$，$Re=200$。

7.3　结果与讨论

7.3.1　涡度拟能为测量量

　　涡度拟能 Ω^2 为测量量时，性能指标用式(7.1)表示。如果仅考虑来流速度不变，从电磁力开始作用至流场完全稳定的非定常过程的优化控制，控制价格 l 的大小决定被控制流场的最终状态。因此，可通过不同的途径，使流场经历不同的响应过程，最终演变成相同的预期流场。例如，可采用定值 N_0 的开环控制，也可采用 N 实时变化的闭环控制。因此，由控制价格 l 决定的预期流场必对应有确定大小的开环控制时的 N_0。例如，$l^2=4.29\times10^{-8}$ 绕流优化控制的最终结果与 $N_0=2.8$ 的

开环控制的结果是一致的。优化控制量 $N(t)$ 随流场的变化由式(7.25)确定，或写为

$$\int_V \left(\frac{\partial F_\theta}{\partial \xi} + 2\pi F_\theta \right) \psi^* \mathrm{d}\xi \mathrm{d}\eta = l^2 N$$

其中，方程右端与控制量 $N(t)$ 成正比；左端与协态流场流函数 Ψ^* 的积分相关。

　　在图 7.4 中，实线 1 表示左端与协态流场相关的积分值，虚线 2 表示右端与 N 成正比的直线，两线的交点即瞬间优化控制量 $N(t)$ 。

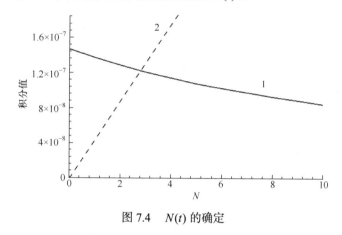

图 7.4　$N(t)$ 的确定

　　对于绕流流场的任一瞬间，皆可得到实时的优化控制量。在流场控制过程中，优化控制量是随时间变化的。如图 7.5 所示，在 $t = 500$ 时，电磁激励板开始工作，N 急剧增加，但很快趋于定值。这与流场在电磁力作用下趋于定常有关。

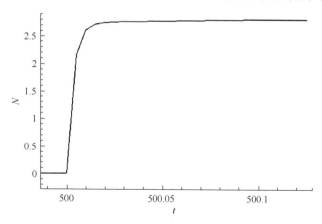

图 7.5　优化控制量 $N(t)$ 的变化过程($l^2 = 4.29 \times 10^{-8}$)

　　控制过程中流场的涡量、涡度拟能和变形率的变化如图 7.6 所示。图 7.6(a) 为流场涡量变化，其中灰色表示正值，黑色表示负值。可以看出，在电磁控制下，

流场的涡量发生明显的变化，最后流体分离被完全消除。图 7.6(b)为涡度拟能变化，在涡的中心处，涡度拟能较大，而涡的边缘，涡度拟能较小。随着涡向下游移动，由于能量的耗散，旋转和剪切的强度都在减弱。在圆柱表面附近，电磁力的作用，速度梯度增大，导致涡度拟能增大。图 7.6(c)为变形率变化，灰色表示变形率较小，黑色表示变形率较大。可以看出，圆柱的前滞止点和从圆柱表面脱落的涡的周围，变形较大，远离圆柱处的变形较小。

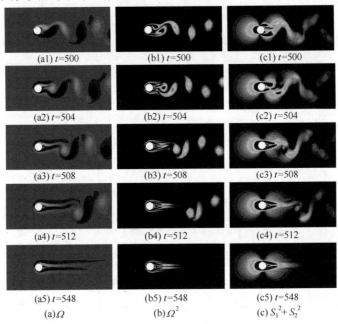

图 7.6　控制过程中涡量、涡度拟能和变形率的变化

电磁控制过程中阻力的变化如图 7.7 所示，即压力阻力 C_p、摩擦阻力 C_f 和总阻力 C_d 的变化曲线。虚线为 $N_0 = 2.8$ 的开环控制，实线为 $l^2 = 4.29 \times 10^{-8}$ 的优化控制。由此可知，电磁控制过程中，压阻 C_p 先急剧下降，然后略有上升，并渐趋平缓；摩阻 C_f 先急剧上升，然后渐趋平缓；总阻力 C_d 的变化趋势与压阻的变化趋势基本一致。因此，电磁控制具有明显的减阻功能。

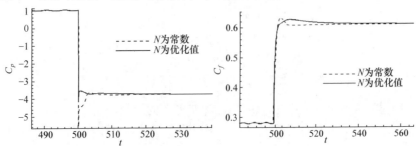

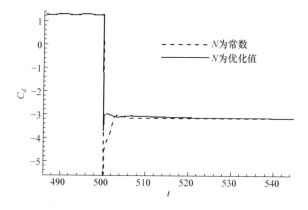

图 7.7　电磁控制过程中阻力的变化

　　电磁力的作用增加了圆柱两侧流动的对称性，从而使升力振荡幅度减小。图 7.8 为电磁控制过程中，升力 C_l 的变化曲线，其中实线为优化控制，虚线为开环控制。虽然两种控制的最终效果是一致的，但是优化控制的阻力和升力的变化比开环控制的变化平缓，并且很快达到稳定。

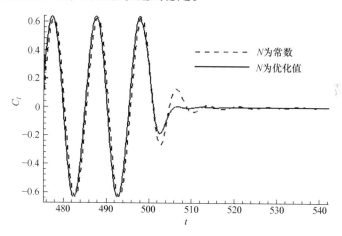

图 7.8　控制过程中升力的变化

　　优化控制下涡度拟能和平方变形率的分布如图 7.9 所示。其中 $N=0$ 曲线及区域划分与图 3.53 相同。在电磁力作用下，边界层的剪切强度急剧增大，导致区域 1 的强度增大。此外，流动分离得到抑制，涡街被消除，所以与涡密切相关的区域 2、3 的强度减小。区域 4 离圆柱较远，强度基本不变。此外，涡度拟能和变形率的权重分布曲线明显变化，但是曲线在全流场的积分值始终相等。在优化控制过程中，Okubo-Weiss 函数在全流场的积分为 0。

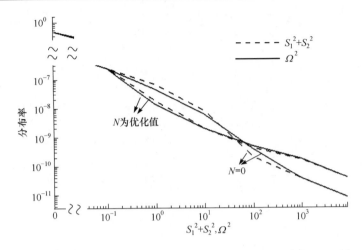

图 7.9　优化控制下涡度拟能和平方变形率的分布

7.3.2　测量量的加权组合

使用若干测量量，以加权的形式构成性能指标，即式(7.26)，其中权重为 d_i ($\sum_i d_i = 1$)。图 7.10 是控制过程中，优化控制量 $N(t)$ 的实时变化曲线。$t = 500$ 时，电磁激励板开始工作，N 急剧增加，但很快趋于定值。这与流场在电磁力作用下趋于定常有关。

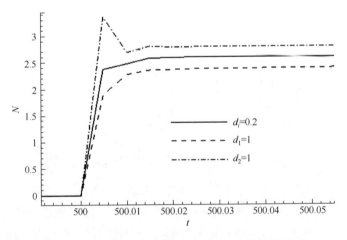

图 7.10　流动控制过程中优化控制量 $N(t)$ 的变化曲线

在优化控制量 $N(t)$ ($d_i = 0.2$) 的作用下，圆柱绕流的流场不断发生变化，如图 7.11 所示。由此可知，在优化电磁力的作用下，流体在柱面的分离已被有效抑制，圆柱背面的涡区很小，涡街也基本消失。

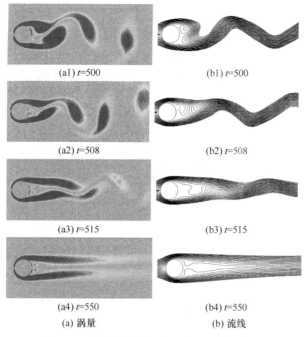

(a1) t=500　　　　　　(b1) t=500

(a2) t=508　　　　　　(b2) t=508

(a3) t=515　　　　　　(b3) t=515

(a4) t=550　　　　　　(b4) t=550

(a) 涡量　　　　　　(b) 流线

图 7.11　电磁控制过程中涡量和流线的变化

图 7.12 为优化控制过程中，压力阻力 C_p、摩擦阻力 C_f 和总阻力 C_d 的变化曲线。由此可知，压阻 C_p 先急剧下降，然后略有上升，并渐趋平缓；摩擦阻力 C_f

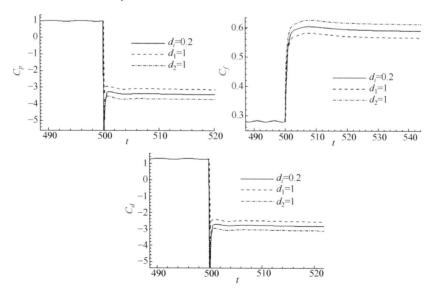

图 7.12　电磁控制过程中阻力的变化

先上升，然后渐趋平缓；总阻力的变化趋势与压阻力变化趋势基本一致。因此，电磁力对绕流的控制具有明显的减阻功能。

电磁力的作用会增加圆柱两侧流动的对称性，从而使升力振荡幅度减小。图 7.13 为控制过程中升力 C_l 的变化曲线，描述升力振荡的抑制过程。

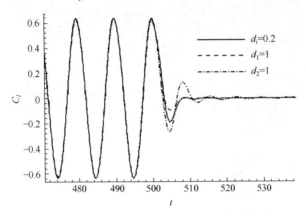

图 7.13　电磁控制过程中升力的变化曲线

7.4　电磁力的空间优化

电磁激励板产生的电磁力可分为壁面电磁力 $F_\theta|_{\xi=0}$ 和流场电磁力 $F_\theta|_{\xi>0}$。研究表明，流场电磁力导致壁面阻力增加，壁面电磁力使阻力减少，这是一对矛盾因素。壁面电磁力通常占主导地位，因此电磁激励板具有减阻功能。

对于钝体，阻力和升力大小主要决定表面压力分布。由于黏性流体在壁面无滑移，因此壁面电磁力仅改变壁面的压力，记作 $\mathcal{C}_{pL}^\theta$，称为电磁压力。设激励板在圆柱上下两侧对称设置，覆盖在 $a \cdot 2\pi\Delta\theta/360°$ 区域，起始端置于 θ_0 处，其电磁压力分布为

$$\mathcal{C}_{pL}^\theta = \begin{cases} 0, & 0 \leqslant |\theta| \leqslant \theta_0 \\ 2N\dfrac{2\pi(\theta-\theta_0)}{360}, & \theta_0 \leqslant |\theta| \leqslant \theta_0+\Delta\theta \\ 2N\dfrac{2\pi\Delta\theta}{360}, & |\theta| \geqslant \theta_0+\Delta\theta \end{cases} \tag{7.34}$$

图 7.14 所示为不同设置位置 θ_0，壁面电磁力诱导的壁面压力分布。由此可见，壁面压力分布曲线关于 $\theta=180$ 对称。在激励板覆盖区域 $\theta_0 \leqslant |\theta| \leqslant \theta_0+\Delta\theta$，壁面压力线性增加，随后在下游($|\theta|>\theta_0+\Delta\theta$)保持常数。由于壁面的阻力(或推力)决

定于迎风面($|\theta| \leqslant 90$)和背风面($|\theta| > 90$)的压力差。显然，当激励板的中线位于子午线 $\theta_m = 90$ 时，壁面电磁力诱导的推力最大。

由于壁面电磁力产生的总推力为

$$C_{dL} = -4N \sin\left(\theta_0 + \frac{\Delta\theta}{2}\right)\sin\left(\frac{\Delta\theta}{2}\right) \tag{7.35}$$

因此，推力取极值时有

$$\frac{\mathrm{d}C_{dL}}{\mathrm{d}\eta} = 0$$

即 $\theta_0 = 90 - \dfrac{\Delta\theta}{2}$ 或 $\theta_m = 90$。

显然，当激励板的中线位于迎风面时，推力随 θ_0 的增大而增大；当激励板的中线位于背风面时，推力随 θ_0 的增大而减小；当激励板的中线置于子午线 $\theta_m = 90$ 时，推力最大。

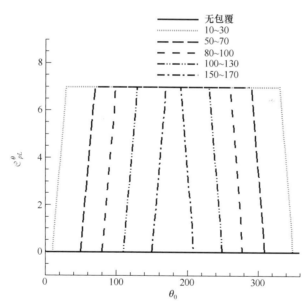

图 7.14　不同设置位置 θ_0 壁面电磁力诱导的壁面压力分布

场电磁力仅改变绕流流场，进而改变涡生压力 $\mathcal{C}_{pF}^{\theta}$。不同设置位置 θ_0，场电磁力诱导的壁面压力分布如图 7.15 所示。由此可见，在场电磁力的作用下，压力曲线下降。随着 θ_0 的增加，其降幅减小，即电磁激励板越靠近前滞止点，压力的降幅越大。此外，迎风面压力随 θ_0 的变化率因 θ_0 的增加而减小。与之相反，背风面压力随 θ_0 的变化率随 θ_0 的增加而增加。由于壁面的压阻决定迎风面($|\theta| \leqslant 90°$)

和背风面($|\theta| \geqslant 90$)的压力差，因此存在某一 θ_0，使壁面压阻取极值。

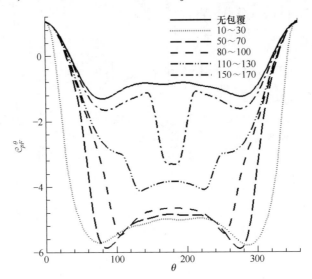

图 7.15　不同设置位置 θ_0 场电磁力诱导的壁面压力分布

图 7.16 所示为不同设置位置 θ_m，壁面阻力变化曲线。显然，当激励板的中线位于迎风面时，阻力随 θ_0 的增大而增加；当激励板的中线位于背风面时，阻力随 θ_0 的增大而减小；当激励板的中线置于子午线 $\theta_m = 90$ 时，涡生阻力最大。

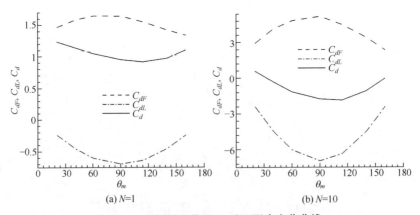

图 7.16　不同设置位置 θ_m 壁面阻力变化曲线

圆柱壁面的总阻力 C_d 为壁面电磁力产生的推力 C_{dL} 和场电磁力诱导的涡生阻力 C_{dF} 之和。由于壁面电磁力对阻力的影响占主导地位，因此 C_d 曲线的变化趋势与 C_{dL} 曲线一致，即总阻力 C_d 先随 θ_0 的增大而减少，在某个位置取极小值后，再随 θ_0 的增大而增大。当电磁力较大时，C_d 出现负值，即出现推力。在 C_{dF} 的影响下，C_d 取极小值的位置向下游漂移。激励板的中线位于流动分离点附近时，阻力取极小值，减阻效果最好。不同来流雷诺数的计算结果进一步证实，激励板的中线位于流动分离点附近，是减阻的最佳位置。

7.5　本　章　小　结

　　本章基于协态优化控制理论构造圆柱绕流电磁优化控制的性能指标，并在指数极坐标中，推导圆柱绕流优化控制的封闭方程，包括协态流场的守恒方程和初始边界条件，以及控制感度方程。同时，利用反向积分迭代方法和 Navier-Stokes 方程的数值计算格式，成功地对圆柱绕流的电磁优化控制进行数值仿真。基于数值计算结果，讨论圆柱绕流电磁优化过程中，控制量的实时变化，以及绕流流场和圆柱水动力的变化规律。

　　理论推导和计算验证表明，场电磁力增阻和壁面电磁力减阻是一对矛盾因素。当激励板的中心处于子午面 $\theta_m = 90$ 时，增阻和减阻的效果皆最好，但是综合的减阻效应并非最佳。当其位于分离点附近时，减阻效果最好，是减阻的最佳位置。

参 考 文 献

[1] Prandtle L. Uber Flussigkeit sbewegung bei sehr kleiner Reibung//Proceedings of the Third International Mathematics Congress, Heidelberg, 1904: 484-491.

[2] Gerrard J H. The mechanics of the formation region of vortices behind bluff bodies. Journal of Fluid Mechanics, 1966, 25: 401-413.

[3] Apelt C J, West G S, Szewczyk A A. The effects of wake splitter plates on the flow past a circular cylinder in the range $10^4 < R < 5 \times 10^4$. Journal of Fluid Mechanics, 1973, 61: 187-198.

[4] Apelt C J, West G S. The effects of wake splitter plates on bluff-body flow in the range $10^4 < R < 5 \times 10^4$, Part 2. Journal of Fluid Mechanics, 1975, 71: 145-160.

[5] Unal M F, Rockwell D. On vortex formation from a cylinder. Part 2. Control by splitter-plate interference. Journal of Fluid Mechanics, 1988, 190: 513-529.

[6] Cimbala J M, Garg S. Flow in the wake of a freely rotatable cylinder with splitter plate. AIAA Journal, 1991, 29: 1001-1003.

[7] Kwon K, Choi H. Control of laminar vortex shedding behind a circular cylinder using splitter plates. Physics of Fluids, 1996, 8: 479-486.

[8] Strykowski P J, Sreenivasan K R. On the formation and suppression of vortex 'shedding' at low Reynolds numbers. Journal of Fluid Mechanics, 1990, 218: 71-107.

[9] Tokumaru P T, Dimotakis P E. Rotary oscillatory control of a cylinder wake. Journal of Fluid Mechanics, 1991, 224: 77-90.

[10] Roussopoulos K. Feedback control of vortex shedding at low Reynolds numbers. Journal of Fluid Mechanics, 1993, 248: 267-296.

[11] Li Z J, Navon I M, Hussaini M Y, et al. Optimal control of cylinder wakes via suction and blowing. Computers and Fluids, 2003, 32: 149-171.

[12] Lecordier J C, Browne L W B, Le Masson S, et al. Control of vortex shedding by thermal effect at low Reyolds numbers. Experimental Thermal and Fluid Science, 2000, 21: 227-237.

[13] Wu C J, Xie Y Q, Wu J Z. Fluid roller bearing effect and flow control. Acta Mechanica Sinica, 2003, 19: 476-484.

[14] Wu C J, Wang L, Wu J Z. Suppression of the von Karman vortex street behind a circular cylinder by a traveling wave generated by a flexible surface. Journal of Fluid Mechanics, 2007, 574: 365-391.

[15] Feng L H, Wang J J, Pan C. Proper orthogonal decomposition analysis of vortex dynamics of a circular cylinder under synthetic jet control. Physics of Fluids, 2011, 23(1): 14106.

[16] Deng X Y, Wang Y K. Asymmetric vortices flow over slender body and its active control at high angle of attack. Acta Mechanica Sinica, 2004, 20(6): 567-579.

[17] Wang S Y, Tian F B, Jia L B, et al. Secondary vortex street in the wake of two tandem circular cylinders at low Reynolds number. Physical Review E, 2010, 81: 36305.

[18] Li F, Yin X Y, Yin X Z. Comparison of the axisymmetric and non-axisymmetric instability of a viscous coaxial jet in a radial electric field. Journal of Fluid Mechanics, 2009, 632: 199-225.

[19] 李椿萱, 彭少波, 吴子牛. 附属小圆柱对主圆柱绕流影响的数值模拟. 北京航空航天大学报, 2003, 29 (11):951-959.

[20] Strykowski P J. The control of absolutely and convectively unstable shear flows. New Haven: Yale University, 1986

[21] Krothapalli A, Shih C, Lourenco L, et al. Drag reduction of a circular cylinder at high Reynolds numbers// AIAA 35th Aerospace Sciences Meeting and Exhibit, Reno, 1997: 97-211 .

[22] 林长强. 近平板圆柱绕流的边界元分析. 重庆建筑大学学报, 2000, 22(6): 34-36.

[23] Davis A M J, O'Neill M E. Separation in a slow linear shear flow past a cylinder and a plate. Journal of Fluid Mechanics, 1997, 81: 551-584.

[24] 杨立, 华顺芳, 杜先之. 利用加热减小水下航行器阻力的研究. 海军工程学院学报, 1990, 2: 28-34.

[25] 黄为民, 游晖, 林向群. 前驻点加热圆柱绕流场的实验研究. 上海机械学院学报, 1994, 16(3):99-102.

[26] 汪箭, 陶正文, 雷云龙, 等. 热圆柱绕流的数值模拟. 计算物理, 1992, 9(4):399-401.

[27] 陆夕云, 庄扎贤. 均匀来流中旋转圆柱黏性绕流数值模拟. 力学学报, 1994, 26(2):233-238.

[28] 贾志刚, 吕志咏, 邓小刚. 均匀来流中旋转振荡圆柱绕流的数值研究. 航空学报, 1999, 20(5): 389-393.

[29] Tokumaku P T, Dimotakis P E. Rotary oscillation control of a cylinder wake. Journal of Fluid Mechanics, l991, 224: 77-90.

[30] 赵宇, 王薇, 鄂学全. 旋转振荡圆柱绕流中的频率耦合现象研究. 水动力学研究与进展, 2001, 16(4):435-441.

[31] 刘松, 符松. 纵向受迫振荡圆柱绕流问题的数值模拟. 计算物理, 2001, 18(2): 157-162.

[32] 王志东, 周林慧. 均匀流中横向振荡圆柱绕流场的数值分析. 水动力学研究与进展, 2005, 20(2): 146-151.

[33] Gailitis A, Lielausis O. On a possibility to reduce the hydrodynamical resistance of a plate in an electrolyte. Applied Magnetohydrodynamics, 1961, 12: 143-146.

[34] Henoch C, Stace J. Experimental investigation of a salt water turbulent boundary larger modified by an applied streamwise magnetohydrodynamic body force. Physics of Fluids, 1995, 7(6): 1371-1382.

[35] Crawford C H, Kamiadakis G E. Reynolds stress analysis of EMHD-controlled wall turbulence. Physics of Fluids, 1997, 9(3): 788-806.

[36] Weier T, Gerbeth G, Mutschke G, et al. Experiments on cylinder wake stabilization in an electrolyte solution by means of electromagnetic forces localized on the cylinder surface. Experimental Thermal and Fluid Science, 1998, 16: 84-91.

[37] Oliver P, Roger G. Electromagnetic control of seawater flow around circular cylinder. European Journal of Mechanics B/Fluids, 2001, 20: 255-274.

[38] Kim S, Lee C. Investigation of the flow around a circular cylinder under the influence of an electromagnetic force. Experiments in Fluids, 2000, 28: 252-260.

[39] Kim S, Lee C. Control of flows around a circular cylinder: Suppression of oscillatory lift force. Fluid Dynamics Research, 2001, 29: 47-63.

[40] Rossi L, Thibault J P. Electromagnetic forcing in turbulence and flow control analytical definitions of EM parameters and hydrodynamic characterizations of the flow. Physics of Fluids, 2003, 10(2): 572-588.

[41] Weier T, Fey U, Gerbeth G. Boundary layer control by means of electromagnetic forces. Ercoftac Bulletin, 2000, 44: 36-40.

[42] Chen Y H, Fan B C, Chen Z H, et al. Flow pattern and lift evolution of hydrofoil with control of electro-magnetic forces. Science in China, 2009, 52(9): 1364-1374.

[43] Berger T W, Kim J. Turbulent boundary layer control utilizing the Lorentz force. Physics of Fluids, 2000, 12(3): 631-650.

[44] Pang J, Choi K S, Aessopos A. Control of near-wall turbulence for drag reduction by spanwise oscillating Lorentz force// The 2nd AIAA Flow Control Conference, Portland, 2004: 2117.

[45] Du Y, Karniadakis G E. Suppressing wall turbulence by means of a transverse traveling wave. Science, 2000, 288: 1230-1234.

[46] Camley M, Henoch C, Breuer K. Structure and dynamics of turbulent flows subjected to Lorentz force control// The 3rd AIAA Flow Control Conference, San Francisco, 2006: 3191.

[47] 蒋小勤, 刘巨斌, 魏中磊. 电磁力对湍流边界层相干结构的影响. 水动力学研究与进展, 2005, 20(4): 458-464.

[48] O'Sullivan P L, Biringen S, Colorado B. Numerical experiments on feedback EMHD control of large scale coherent structure in channel turbulence. Acta Mechanica, 2001, 152: 9-17.

[49] Shatrov V, Gerbeth G. Electromagnetic flow control leading to a strong drag reduction of a sphere. Fluid Dynamics Research, 2002, 11: 72-81.

[50] Park J, Henoch C, Camley M M. Lorentz force control of turbulent channel flow. AIAA Journal, 2003, 41: 55-66.

[51] Breuer K, Park J. Actuation and control of a turbulent channel flow using Lorentz forces. Physics of Fluids, 2004, 16(4): 897-1013.

[52] Dattarajan S, Johari H. Boundary layer separation control by Lorentz force actuators// The 36th AIAA Fluid Dynamics Conference and Exhibit, San Francisco, 2006: 5-8 .

[53] Luo S D, Xu C X, Cui G X. Direct numerical simulation of turbulent pipe flow controlled by MHN for drag reduction. Chinese Journal of Theoretical and Applied Mechanics, 2007, 39(3): 311-319.

[54] Miyoshi I, Tanahashi T, Ara K, et al. A study of mechanism of the energy distribution in the MHD turbulence at low magnetic Reynolds numbers. Trasactions of the Japan Society of Mechanical Engineers, Part B, 2007, 73(2): 506-513.

[55] Andreev O, Kolesnikov Y, Thess A. Experimental study of liquid metal channel flow under the influence of a nonuniform magnetic field. Physics of Fluids, 2007, 19(3): 39902.

[56] Dousset V, Potherat A. Numerical simulation of a cylinder wake under a strong axial magnetic field. Physics of Fluids, 2008, 20(1): 17104.

[57] Kiya M, Tamura H, Arie M. Vortex shedding from a circular cylinder in moderate-Reynolds-number shear flow. Journal of Fluid Mechanics, 1980, 141: 721-735.

[58] Kwon T S, Sung H J, Hyun J M. Experimental investigation of uniform-shear-flow past a

circular cylinder. Journal of fluids Engineering, Transactions of the ASME, 1992, 114: 457-460.

[59] Lei C, Cheng L, Kavanagh K. A finite difference solution of the shear flow over a circular cylinder. Ocean Engineering, 2000, 27: 271-290.

[60] Kang S. Uniform-shear flow over a circular cylinder at low Reynolds numbers. Journal of Fluids and Structures, 2006, 22: 541-555.

[61] Jordon S K, Fromm J E. Laminar flow past a circle in a shear flow. Physics of Fluids, 1972, 15: 972-976.

[62] Hayashi T, Yoshino F, Waka R. The aerodynamics characteristics of a circular cylinder with tangential blowing in uniform shear flows. JSME International Journal Series B, 1993, 36: 101-112.

[63] Sumner D, Akosile O O. On uniform planar shear flow around a circular cylinder at subcritical Reynolds number. Journal of Fluids and Structures, 2003, 18: 441-454.

[64] Tamura H, Kiya M, Arie M. Numerical study on viscous shear flow past a circular cylinder. Bulletin of JSME, 1980, 23: 1952-1958.

[65] Yoshino F, Hayashi T. Numerical solution of flow around a rotating circular cylinder in uniform shear flow. Bulletin of the JSME, 1984, 27: 1850-1857.

[66] Wu T, Chen C F. Laminar boundary-layer separation over a circular cylinder in uniform shear flow. Acta Mechanica, 2000, 144: 71-82.

[67] Feng C C. The measurement of vortex-induced effects in flow past stationary and oscillating circular and D-section cylinders. Vancouver: University of British Columbia, 1968.

[68] Griffin O M. Vortex-excited cross-flow vibrations of a single cylindrical tube. ASME Journal of Pressure Vessel Technology, 1980, 102: 158-166.

[69] Griffin O M, Ramberg S E. Some recent studies of vortex shedding with application to marine tubulars and risers. ASME Journal of Energy Research and Technology, 1982, 104: 2-13.

[70] Hover F S, Miller S N, Triantafyllou M S. Vortex-induced vibration of marine cables: Experiments using force feedback. Journal of Fluids and Structures, 1997, 11: 307-326.

[71] Griffin O M, Koopmann G H. The vortex-exited lift and reaction forces on resonantly vibrating cylinders. Journal of Sound Vibration, 1977, 54: 435-448.

[72] Gharib M R, Shiels D, Gharib M, et al. Exploration of flow-induced vibration at low mass and damping// Proceedings of Fourth International Symposium on Fluid-Structure Interaction, Aeroelasticity, Flow-Indeced Vibration, and Noise, New York, 1977: 75-81.

[73] Gharib M R. Vortex-induced vibration, absence of lock-in and fluid force deduction. Pasadena: California Institute of Technology, 1999.

[74] Khalak A, Williamson C H K. Fluid forces and dynamics of a hydroelastic structure with very low mass and damping. Journal of Fluids and Structures, 1997, 11: 973-982.

[75] Griffin J H. The mechanics of the formation region of vortices behind bluff bodies. Journal of Fluid Mechanics, 1966, 25: 401-413.

[76] Brika D, Laneville A. Vortex-induced vibration of a long flexible circular cylinder. Journal of Fluid Mechanics, 1993, 250: 481-508.

[77] Techet A H, Triantafyllou M S. The evolution of a 'Hybrid' shedding mode// Proceedings of the

1998 ASME Fluids Engineering Division Summer Meeting, Washington, 1998: 21-23.

[78] Williamson C H K, Roshko A. Vortex formation in the wake of an oscillating cylinder. Journal of Fluids and Structures, 1988, 2: 355-381.

[79] Evangelinos C, Karniadakis G E. Dynamics and flow structures in the turbulent wake of rigid and flexible cylinder subject to vortex-induced vibrations. Journal of Fluids and Structures, 1999, 400: 91-124.

[80] Evangelinos C, Lucor D, Karniadakis G E. DNS-derived force distribution on flexible cylinders subject to vortex-induced vibration. Journal of Fluids and Structures, 2000, 14: 429-440.

[81] Mittal S, Kumar V. Finite element study of vortex-induced cross-flow and in-line oscillations of a circular cylinder at low Reynolds numbers. International Journal for Numerical Methods in Fluids, 1999, 31: 1087-1120.

[82] Mendes P A, Branco F A. Analysis of fluid-structure interaction by an arbitrary Lagrangian-Eulerian finite element formulation. International Journal for Numerical Methods in Fluids, 1999, 30: 897-919.

[83] So R M C, Liu Y, Chan S T, et al. Numerical studies of a freely vibrating cylinder in a cross-flow. Journal of Fluids and Structures, 2001, 15: 845-866.

[84] Zhou C Y, So R M C, Lam K. Vortex-induced vibrations of an elastic circular cylinder. Journal of Fluids and Structures, 1999, 13: 165-189.

[85] Williamson C H K, Govardhan R. Vortex-induced vibrations. Annual Review of Fluid Mechanics, 2004, 36: 413-455.

[86] Dutsch H, Durst F, Becher H, et al. Low Reynolds number flow around an oscillating circular cylinder at low Keulegan-Carpenter numbers. Journal of Fluid Mechanics, 1998, 360: 249-271.

[87] Blackburn H, Henderson R. Lock-in behavior in simulated vortex-induced vibration. Experimental Thermal and Fluid Science, 1996, 12: 184-189.

[88] Newman D J, Karniadakis G E. Direct numerical simulations of flow over a flexible cable// Proceedings of the 6th International Conference on Flow-Induced Vibration, Balkema, 1995: 193-203 .

[89] Newman D J, Karniadakis G E. Simulations of flow over a flexible cable: A comparison of forced and flow induced vibration. Journal of Fluids and Structures, 1996, 10: 439-453.

[90] Newman D J, Karniadakis G E. A direct numerical simulation study of flow past a freely vibrating cable. Journal of Fluid Mechanics, 1997, 344: 95-136.

[91] Zhou C Y, So R M C, Lam K. Vortex-induced vibrations on bluff bodies in a cross flow// Proceedings of 1998 ASME Fluids Engineering Division Summer Meeting, Washington, 1998: 21-25 .

[92] Lim J, Kim J. A singular value analysis of boundary layer control. Physics of Fluids, 2004, 16(6): 1980-1988.

[93] Gunzburger M D. Perspectives in Flow Control and Optimization. Philadelphia: Society for Industrial and Applied Mathematics, 2003.

[94] Abergel F, Teman R. On some control problems in fluid mechanics. Theoretical Computational Fluid Dynamics, 1996, 1: 303-325.

[95] Bewley T R, Moin P, Teman R. DNS-based predictive control of turbulence: An optimal benchmark for feedback algorithms. Journal of Fluid Mechanics, 2001, 447: 179-225.

[96] 陈耀慧，范宝春，周本谋，等. 翼型绕流的电磁力控制. 力学学报, 2008, 40(1): 121-127.

[97] 陈耀慧，范宝春，陈志华，等. 翼型绕流电磁控制的实验和数值研究. 物理学报, 2008, 57(2): 648-653.

[98] Chen Y H, Fan B C, Chen Z H, et al. Influences of Lorentz force on the hydrofoil lift. Acta Mechanica Sinica, 2009, 25: 589-595.

[99] Zhang H, Fan B C, Chen Z H, et al. Open-loop and optimal control of cylinder wake via electro-magnetic fields. Chinese Science Bulletin, 2008, 53(19): 2946-2952.

[100] Zhang H, Fan B C, Chen Z H, et al. Suppression of flow separation around a circular cylinder by utilizing Lorentz force. China Ocean Engineering, 2008, 22(1): 87-95.

[101] 张辉，范宝春，陈志华，等. 圆柱绕流电磁控制影响因素的实验研究. 实验力学, 2009, 24(5): 427-432.

[102] Zhang H, Fan B C, Chen Z H, et al. Effect of the Lorentz force on cylinder drag reduction and its optimal location. Fluid Dynamics Research, 2011, 43(1): 15506.

[103] Zhang H, Fan B C, Chen Z H. Computations of optimal cylinder flow control in weakly conductive fluids. Computers and Fluids, 2010, 39(8): 1261-1266.

[104] Zhang H, Fan B C, Chen Z H. Optimal control of cylinder wake by electromagnetic force based on the adjoint flow field. European Journal of Mechanics B/Fluids, 2010, 29(1): 53-60.

[105] Zhang H, Fan B C, Chen Z H. Control approaches for a cylinder wake by electromagnetic force. Fluid Dynamics Research, 2009, 41(4): 45507.

[106] 范宝春，董刚，张辉. 湍流控制原理. 北京:国防工业出版社，2011.

[107] 张辉，范宝春，贺旺，等. 电磁力作用下的绕流减阻与优化控制. 兵工学报, 2010, 31(10): 1291-1297.

[108] 张辉，范宝春，贺旺，等. 剪切来流下的电磁减阻与尾流控制. 兵工学报, 2010, 31(10): 1285-1290.

[109] Zhang H, Fan B C, Chen Z H. Evolution of global enstrophy in cylinder wake controlled by Lorentz force. Applied Mathematics and Mechanics, 2008, 29(11): 1505-1516.

[110] Lighthill J. Fundamentals concerning wave loading on offshore structures. Journal of Fluid Mechanics, 1986, 173: 667-681.

[111] Sarpkaya T. A critical review of the intrinsic nature of vortex-induced vibrations. Journal of Fluids and Structures, 2004, 19: 389-447.

[112] Milne-Thomson L M. Theoretical Aerodynamics. 4th ed. New York: Dover, 1973.

[113] Shiels D, Leonard A, Roshko A. Flow-induced vibration of a circular cylinder at limiting structural parameters. Journal of Fluids and Structures, 2001, 15: 3-21.

[114] Fey U, König M, Eckelmann H. A new Strouhal-Reynolds-number relationship for circular cylinder in the range $47 < Re < 2 \times 10^5$. Physics of Fluids, 1998, 10: 1547-1549.

[115] Mittal S, Kumar B. Flow past a rotating cylinder. Journal of Fluid Mechanics, 2003, 476: 303-334.

[116] Provenzale A. Transport by coherent barotropic vortices. Annual Review of Fluid Mechanics,

1999, 31: 55-93.

[117] Okubo A. Horizontal dispersion of floatable particles in the vicinity of velocity singularities such as convergences. Deep-Sea Research, 1970, 17: 445-454.

[118] Weiss J. The dynamics of enstrophy transfer in two-dimensional hydrodynamics. Physyca D, 1991, 48: 273-294.

[119] Zavala S L, Sheinbaum J. Elementary properties of the enstrophy and strain fields in confined two-dimensional flows. European Journal of Mechanics B/Fluids, 2008, 27: 54-61.

[120] Zhang H, Fan B C, Chen Z H, et al. Numerical study on suppression mechanism of vortex-induced vibration by symmetric Lorentz force. Journal of Fluids and Structures, 2014, 48: 62-80.

[121] Zhang H, Fan B C, Chen Z H, et al. An in-depth study on vortex-induced vibration of a circular cylinder with shear flow. Computers and Fluids, 2014, 100: 30-44.